經營顧問叢書 ㉕

主管如何激勵部屬

伍文泰　編著

憲業企管顧問有限公司　發行

《主管如何激勵部屬》

序　言

　　企業要具有競爭力，方法很簡單，就是要釋放出員工的活力、績效、智慧與創造精神，在深入瞭解員工需求的基礎上，制訂恰當的激勵策略，激勵每一個員工去實現企業的預定目標。激勵就像企業發展源動力的一對翅膀，幫助企業走向騰飛。

　　一流的企業家只管人不管事，二流的企業家既管人又管事，三流的企業家只管事不管人。企業的「企」是人字頭加一個停止的止，離開了人就停止了。所謂管理的概念，就是在管好自己的同時，再管好自己該管的那麼幾個人。

　　有 100 件事情，一個人都做了，那只能叫做勤勞。有 100 件事情，主事的人自己一件也不做，手下的人就幫他把所有的事情都辦好了，而且回過頭來還要感謝他提供這樣的鍛鍊機會，這就是管理！**管理者的核心工作就是要激發部屬的工作積極性。**

　　一個酋長為了測試部落青壯年們的膽識，帶著大家上了一個山頭，山頭上有一棵大樹，他要求大家攀住大樹上的長樹藤，蕩到對面山頭上去，兩座山之間隔著的是一條深不見底的山澗。結果是：

　　(1)在酋長要求下，大約有 6%的人立即自動自發地蕩了過去；
　　(2)在酋長帶頭下，又有 20%的人跟著蕩了過去；
　　(3)酋長承諾有金幣獎賞，至少有 60%的人隨後就蕩了過去；

(4)剩下的是不願冒風險，也不稀罕獎賞的人。酋長說，再不過去就殺頭，結果剩下的人驚慌失措，爭先恐後地蕩了過去。

前兩種情況是發號施令的結果，區別在於領導是否以身作則；後兩者是獎懲分明的結果，區別在於賞罰的力度。這個故事告訴我們一個道理：一個企業組織中只有極少數人會有自動自發的工作激情；部分人需要在領導帶頭下才能積極工作；而絕大多數人需要在物質刺激（正激勵）下才會努力工作；少數人需要在恐嚇（負激勵）下才願意做好工作。因而，**作為管理者，除了要懂得如何發號施令外，更重要的是還要懂得運用好自己手中的賞罰大權。**

在管理中，賞罰分明要遠比身先士卒更為有效。漢朝的霍去病將軍就是一個最好的例子。他說：「作為將軍，不一定要和士兵同吃同做，只要獎懲分明，士兵自然勇往直前。」實際上，他也是這樣做的，事實證明霍去病的論斷是正確的，他的部隊所向披靡，無人能擋，取得了赫赫戰功，讓人不得不服。

管理的第一法則就是「胡蘿蔔加大棒」，它來源於一則古老的故事：要使驢子前進，就在它前面放一個胡蘿蔔或者用一根棒子在後面趕它。優秀的管理者都是善於運用「胡蘿蔔加大棒」的。通用公司總裁傑克‧韋爾奇的管人秘訣是他自創的「活力曲線」，他認為：一個組織中，必然有20%的人是最好的，70%的人是中間狀態的，10%的人是最差的。管理者必須隨時掌握那20%和10%裏面的人，以便做出準確的獎懲措施。最好的應該馬上得到激勵或升遷，最差的就必須馬上走人。

獎懲的核心目標是為了激發員工的積極性，提高員工的工作效率，進而提升整個部門或企業的績效。但是，人的積極性不應

該是被外力強迫出來的，而應該是從內在心理衍生出來的。換句話說，獎懲作為一種外力，要內化為內驅動力。它的具體標準就是：你的獎懲，能夠讓員工從心理上認同並自覺地予以合作，產生積極的評價和反應。所以，一套優秀的獎懲制度，既能夠促進員工積極性的發揮，同時也能確保員工自覺自願的內在意識的形成。

面對「怎麼懲罰，員工才合作；怎麼獎勵，員工才積極」這樣一個命題，我們又會衍生出一系列的疑問。

如何獎懲，才能改變員工內心的工作態度，從而激發員工的積極性？如何獎懲，才能規避員工為了業績而不惜破壞職業規則的過度積極？

如何獎懲，才能引導員工之間建立起健康的競爭性合作關係？如何獎懲，才能確保整個團隊在規則允許的範圍內實現創新？如何獎懲，才能讓員工既口服又心服，又能內化為員工的自我獎懲？

本書是針對主管如何激勵部屬所撰寫的具體指導實務書。本書結合知名企業的獎勵方法，並依據本土企業的生存環境及發展特點，歸納出適合我國企業獎勵制度的方法及建議。希望能給經理人啟示與幫助，找到人性化管理中那把最簡易、有效的萬能鑰匙。

2011 年 11 月

《主管如何激勵部屬》

目　錄

第 *1* 章

增強員工歸屬感

　　人的大半輩子都是在工作中度過的，說企業是員工的家絲毫不過分。企業管理者要通過有益的活動、寬鬆的環境等營造家的氣氛，促進員工的和睦團結。只有員工真正以企業為家，才會愛家，才會忠誠，才會一切以家為中心，才會在心靈上有所依託，而這就是員工的歸屬感。

第一節　要定期舉辦活動凝結人心

　　要建立一個團結的大家庭，增強員工的歸屬感，可通過定期活動來凝結人心。在定期的活動中，員工通過完成一個共同目標，相互間增進了聯繫，增加了溝通，也增進了團結。實踐也證明，許多活動能增進員工的友誼，建立起彼此的信任等。所以，通過有益的活動也能加強員工的歸屬感。

　　台塑集團每年要花費大約 400 萬元新台幣舉行一次大規模的企業運動會。正像王永慶每做一件事都要創造出多元效應一樣，台塑的運動會妙用更多。

　　1.在時間的選擇上，台塑運動會的日期選在每年的青年節前後。主要是為了鼓勵台塑人永遠有年輕人那樣蓬勃的朝氣和旺盛的精力，永遠像年輕人那樣富於進取！

　　2.吉祥物的選擇，別出心裁，台塑運動會特別選定台灣特有的珍禽「帝雉」作為吉祥物。其吉祥標誌是：一隻展翅飛翔的帝雉，拿著一隻象徵勝利的火炬，向前飛去。這裏面的含義是：年輕的台塑，在追根究底和腳踏實地精神的指引下，不斷地向前邁進，其奮進的腳步，生生不息，永無休止。

　　3.在運動項目的選擇上，除了一般的田徑項目以外，有兩項特別引人注目，意義深遠：一項是王永慶帶領台塑企業的高級管理人員和外賓進行 5000 米賽跑；另外一項是閉幕式前，為了重新掀起新高潮而安排的趣味競賽。

　　作為台塑的領頭人，王永慶和他的管理人員不僅在精神上面臨巨大的壓力，而且在身體上面臨嚴峻的考驗，「身體是本錢」，身體垮了，其他的一切都談不上了。王永慶深知台塑這份擔子有多重。為了使自己不被壓垮，他每天從自己少得可憐的休息時間裏抽出一小時進行體育鍛鍊。對於管理人員，王永慶也一樣要求他們有健康的體魄和旺盛的精力。因而在他們中間大力提倡和推廣慢跑這項有益身心的運動。

　　因此，在台塑運動會上，王永慶要親自點兵，被點到的管理人員要和他一起跑完 5000 米。這漫長的 5000 米，對於年輕人來說算不了什麼，但對於年過半百的老人，卻是一項體力和耐力的

巨大挑戰。王永慶之所以這樣做，除了要對管理者的體力和耐力進行一次「大檢查」之外，另有兩層深意：

1.代表著台塑在以他為首，勇往直前，不斷地從勝利走向勝利。

2.在跑道上要和外國人競爭；在商場上也要和外國人競爭。在跑道上要跑在外國人前面；在商場上也要力爭勝過他們。

王永慶不願意台塑運動大會在高潮過去後，冷冷清清地結束，因而在閉幕式前總是要安排一項別出心裁的趣味競賽項目，以再次掀起高潮，讓運動會在笑聲中結束，達到讓人「意猶未盡，回味無窮」的目的。

1986 年，這項趣味競賽項目是「萬眾一心 1000 米扁擔挑米籮」接力賽跑。王永慶老當益壯，風采不減當年，挑起一筐米，健步如飛跑向終點，還連呼「不過癮」。

安排這項競賽項目的目的是希望台塑人能夠像鄉下人那樣，團結一致，發揚吃苦耐勞和勤勞樸實的精神，最終走向勝利。

一年一度的台塑運動會，表明王永慶對於運動的重視，因而在員工們中間掀起了鍛鍊的運動熱潮，使得台塑人體質明顯提高，能以更大的精力和更高的效率投入到工作中去。

更為重要的是，利用一年一度的台北大會師，使台塑人通過運動比賽的方式，將「台塑精神」統一在一起，並發揚光大。因此，台塑設在美國的公司，也派人不遠千里，遠涉重洋，回到台灣，參加這次「台塑精神」大會師。

這種「統一精神」的作用，也可以說是台塑運動會的最大妙用。它牢牢地把台塑人凝結在一起。這種精神紐帶的作用是最牢固的，即使用重型大炮，也轟不開。

在這樣的「統一精神」之下，台塑人產生了極大的工作熱情，不用施加任何外力，就能自然而然、心甘情願地全身心投入，並創造出極高的效率。

可見，台塑的運動會不僅僅有鍛鍊身體的作用，還能將人心緊緊地凝結在一起。

🔊)) 第二節　提倡「企業如家」的理念

提倡「企業如家」的精神理念，能增強員工的凝聚力。企業標榜「如家」精神，就好像在對員工說，企業是大家的企業，企業也是你的企業。為「家」裏做事，自然義不容辭。員工的歸屬感，就這樣建立起來了。

松下電器公司是日本最大的家用電器生產廠商之一，其子公司遍佈全世界，素有「松下電器王國」之稱，被列為世界最大的50家公司之一。

松下電器公司能取得如此輝煌的成就，與其宣導的「松下精神」密不可分。松下幸之助認為：任何一個企業要想創造非凡的業績，都離不開全體員工的勤奮努力、協同進取。所以，他在公司的生產經營活動中，時刻不忘培養員工對本公司的「松下精神」，使全體員工愛自己的企業，培養員工對企業的歸屬感。

首先，松下幸之助親自填寫了一首歌作為廠歌，歌詞是：「為了建設新日本，要貢獻智慧和力量，要盡力增加生產，讓產品行銷世界，像泉水源源湧出，大家要精誠團結，松下電器萬歲。」

他要求每個員工都要以廠歌為自己的座右銘，指導自己的行動。松下公司的員工每天上下班都要高唱廠歌，精神飽滿地為公司建功立業。

其次，松下幸之助還特別重視對年輕人的培養工作。他把公司的興旺發達全都寄託在人才上面。他認為：人對於企業來說，是第一位的因素，培養人才必須先於生產。為此，他明確地提出一個響亮的口號：「在出產品之前出人才！」早在公司成立之初，松下幸之助就要求各部門負責人必須明確：見習員工是松下公司未來的骨幹，必須以家長式的親切態度來關心他們的生活、工作和學習。松下公司在安排工作時，堅持用其所長、人盡其才、才盡其用的原則。為了不斷提高公司骨幹的業務能力和專業素質，松下公司捨得花錢進行培養，不僅堅持讓他們在實踐中增長才幹，而且捨得花時間讓他們參加脫產學習。對培養出來的骨幹，公司不分資歷大小、經驗多少，只要可信賴，一律予以重用。

第三，建立民主和諧的氣氛，使員工在企業中心情舒暢地工作、士氣高昂地幹活。松下幸之助規定：如果員工對公司不滿，可以自由地提意見。而他本人對自己的缺點和公司的問題也從不遮掩，並且經常徵求員工的意見。更有趣的是，松下幸之助為了和諧上下級關係，還在總公司管理處門前，樹立了一個像自己模樣的橡皮人。如果那個人對公司或對自己有意見，可以隨意抽打這個橡皮人，以發洩心頭之火。松下公司從上到下都不盛氣凌人，公司董事長經常走到員工之中與他們自由交談，因而在松下公司人人感到愉快、和諧。

通過以上措施，松下公司在企業員工中灌輸了「企業如家」，培養起員工的「松下精神」，增強了公司的凝聚力。因而在困境中，

員工能與企業同甘共苦、齊心協力渡過難關；在順境中，團結奮進的員工集體能為企業的騰飛插上翅膀，取得更大的成就。

案例　請員工吃頓飯

　　朋友間總有請客吃飯的時候，三兩個人坐在一起，吃吃聊聊，這無疑是加深友情的有效社交活動之一。可是主管有沒有想過，當員工的工作完成得非常棒的時候，你不妨也請員工吃頓飯，既可以溝通管理者與下屬的感情，拉近距離，也可以起到獎勵激勵員工的目的。

　　吃飯並不是最終目的，目的是拉近你與員工的距離，作為經理，你可以跟你的員工在吃飯時探討一些愉快的話題，這能起到讓員工放鬆的作用。而作為員工，他們很少有機會能與上司一起用餐，這無疑是種榮幸，更何況在其他同事知道的情況下與上司一起用餐更是一種驕傲。

　　其實，和員工一起吃飯可以經常進行，這更是一種利用時間的好機會，畢竟人人都需要吃飯，而經理人完全可以充分利用自己的用餐時間來達到獎勵員工的目的。至於吃飯的地點，其實沒有必要非常正式，可以是公司旁邊的小飯館，也可以是員企業內部的食堂，員工並不會在意在那裏吃，他們在意的是跟什麼人吃。如果可以的話，主管不妨把員工的上司叫上一起用餐，並在員工上司面前表達你對於這位員工的欣賞，這對於員工來說無意識一個莫大的面子，他自然不會輕易忘記你對他的事業產生的積極影響。

　　另外，主管請員工吃飯要避免浪費，但一定不可小氣，否則，員工會對你的為人產生懷疑，反而不利於管理上的需要。

【專業指導】

- 讓員工把你當作朋友一樣相待，這是你請員工吃飯最主要的目的。主管應酬自然很多，但你要想一想如果一年 365 天裏你只需在一半時間裏在午餐或晚餐的時間裏叫上你的員工，那麼，一年間你將為企業的發展創造一股不可估量的推動力量。

- 總結出一個自己非常滿意的員工名單，並確定具體實施的日子，推掉其他應酬。

- 在平時或在網上留意公司旁邊的飯館，儘量選擇一些有特色，環境優雅的地方，提前預定兩個位置。

- 把你要請吃飯的員工叫到辦公室，在他「驚魂未定」的時候笑著對他說：「你幹得不錯，我今天請你吃飯。」

- 你也可以把員工帶到食堂用餐，並為他支付餐費，儘量選擇人多的時候去，這樣獎勵的效果會更加。

- 在飯館吃完飯，如果得知員工還有其他家人，你要大方的點兩個適合他家人的菜肴，並囑咐員工帶回家給他的家人吃，並告訴他這僅僅是你的一點心意。

- 請異性員工吃飯時一定要叫上他的主管，或必須讓第三人在場，以免「流言四起」。不利於管理工作的順利進行，也會傷及你所獎勵的員工。

- 主管請員工吃飯，在飯桌上員工一定會很拘束，所以，你要儘量選擇一些輕鬆的話題與員工進行交談。

第三節　製造「柔性」氣氛

　　營造「柔性」氣氛，給員工提供良好的工作環境，不也是「家」的必備條件之一嗎？許多酒店以賓至如歸為理念，讓客人有回到家的舒服感，不也是很正確的一種思路嗎？甚至一些企業主管在公司入口處擺一面明鏡。明鏡既可看清自己，又可使他人自鑑，凡是員工來上班，一定要先照一下鏡子，看看自己臉色如何。要是愁眉苦臉，就建議他不要來上班；若要來上班，就先在鏡子前調整自己的心情。因為愁眉苦臉是會傳染的，大家心情都不好，自然容易動肝火，一動肝火講話就會帶刺，更會戴有色眼鏡看人，這樣，辦公室別想安寧。

　　反之，你以笑臉迎人，給人如沐春風之感，加上一句「早安」，或者其他問候語，再冰凍的氣氛也會被暖和起來，緊繃著臉的同事也會綻開笑顏。此時，要發脾氣的上司，也會見風轉舵。這樣，不但能消除「沉悶」的氣氛，而且可帶來一片輕鬆的歡快景象。

　　這種「柔性」氣氛所帶來的生產力，絕不會比硬體技術差，更何況這種良性循環可不斷繁殖，其效果大得驚人。

　　一面鏡子可以起到意想不到的效果，同樣一束鮮花也會令人心情舒暢，一個三分鐘的喝茶時間更會增進主管與部下以及員工之間的感情，這同樣是創造佳績的捷徑之一，且投資少，收效大。

　　工作時彼此聊天、交談，很可能被誤認為不專心工作，實際上「談話表示氣氛良好，不說話表示陰沉」，如此看來，偶而說幾

句笑話或哼幾首歌就很能調節氣氛，個人的不愉快情緒也會隨之拋諸腦後。

在工作期間心無旁鶩、專心一致地工作，僅能維持短時間，一般人多多少少總會有雜念，枯燥的工作更易使人心緒神遊他處。上司若一再要求專心工作，很容易使下屬產生疲倦與厭惡感，因此眼見下屬偶而談天說笑也無需過分干涉。短暫的說笑可化解緊張氣氛、維持良好的精神狀態。

在氣氛不佳的公司做事，易使人有厭惡的感覺。這種厭惡的不痛快感，會使員工愈來愈緊張、厭倦，最後導致士氣低落。

做老闆的，也應適當關注下屬的工作環境。若能為他們提供一個整潔而富有吸引力的工作環境，無疑會使人心情舒暢而提高幹勁。改善工作環境，使它具有吸引力，讓下屬開拓新視野，並參與創造新局面。改善工作場所格局，使之整潔而富有生機。

事實表明，工作環境對一個人的情緒、工作熱情等都會產生微妙的影響。

辦公室如果零亂不堪，光線不足，也沒有裝飾畫或者其他擺設，沒有較好的通風條件、冷氣機設備，資料雜物堆滿了辦公桌……在這樣的環境裏你怎麼保持良好的心情？工作起來怎麼會有熱情？對週圍的人那來的興致去好言相待？

難怪現代化的辦公環境裏，辦公室的裝飾總是一流的。

1.光線要充足，給人以明亮的感覺，這是起碼的要求，但不要使人感到眩目或刺激強烈睜不開眼。採用自然光時，應選擇無擋窗的大玻璃，掛上紗簾，以備光線過強時遮光用。採用人工光源時，要注意做到有足夠的照明度，保持穩定的照明，燈具熱量要小，設置合理，並且努力使其接近天然照明。

2.辦公室的色彩，如牆壁、地板、門窗、桌椅和其他各種用品的色彩，不但影響室內的光線，而且對人的心理生理也會產生微妙的影響。應以明亮、輕快的淺色調、亮色調、微偏於暖色調為主，如乳白色、米黃色等。據多種試驗表明，明亮輕快的淺色調、亮色調、暖色調等，對人的生理和心理系統起到一定的暗示作用，使緊張的心情得以舒緩，煩躁的情緒得以平息，激發工作慾望，提高工作效率。

3.座位的排列應合理、整齊。像小學生上課那種排法，則太過於拘謹、死板。事實證明，「開放式辦公桌排列」（辦公桌靠牆而立）更舒適和受歡迎。這裏的主人比採用「封閉式辦公桌排列」（辦公桌成為你和其他人中間的一道屏障）的主人看上去更平易近人、友愛、性格開朗以及擅長待人接物。

4.辦公室的牆壁不應該讓它空著，應該選一兩幅精緻的裝飾畫掛起來。當然，裝飾畫應該與辦公室的環境相適應，美人照或浪漫色彩太濃厚的畫顯然不合適。風景畫應該是最佳選擇，給人素雅、靜謐的感覺。

5.綠色植物是受歡迎的。綠色是生命的象徵，生命給人以活力，給人以希望，令人嚮往，使人奮發。在適當的角落，放一盆君子蘭，或是一盆吊蘭；在辦公桌頭，用精美的小瓷花盆種一枝文竹，或是在花瓶裏不時地變換幾枝鮮花……一點小小的點綴，透出些許活力與跳躍，既不會破壞辦公場所的嚴肅性，又可避免呆板、單調。

6.盆景也是不錯的裝飾。一隻佈局精巧、別具匠心的盆景，既能給人帶來美的享受，又能使人感到辦公室的主人有著較高的藝術修養與審美追求。如果來檢查工作，或是他人來聯繫業務，

這些不起眼的小擺設能給別人留下挺不錯的印象。

7.辦公室應該保持安靜，如果有條件，應用隔音壁板和地板革，門框上釘上皮墊，採取措施消除噪音。

8.室內的溫度一般應保持在 20℃左右，相對濕度應保持在40%～60%之間比較適宜。室內的空氣應注意保持清新，必要時，還可使用一些香料，使室內散發淡雅的幽香，這將有助於增添室內的和諧氣氛。保持空氣新鮮，常開窗戶使空氣流通是常用的方法，有條件的單位，可以在室內安裝冷氣機、負離子發生器。氣溫太高會使人情緒容易急躁；濕度太大，會讓人覺是沉悶、乏困。

總之，給員工舒適、愉快的環境，會使員工認同並融入企業這個大家庭，愛企業並樂於為企業所用。

🔊 第四節　共用利益，讓員工有歸屬感

讓員工有歸屬感，不應僅是空頭口號，而要在物質上給予員工激勵，讓員工共用利益。

李嘉誠繼承了中國人的傳統美德——知恩圖報，凡是對他的企業做出過貢獻的人，他都不會忘記。這是他的企業可以長遠發展的原因。很多人目光短淺，利用別人發財之後就過河拆橋，翻臉不認人，這種人是不會有好結果的。跟隨李嘉誠創業的「老臣子」盛頌聲在 1980 年談到長江實業的成功原因時說：「靠李嘉誠先生的決策和長江實業同仁上下齊心苦幹。李嘉誠先生作決策快速而準確，這麼多年來從沒有看錯過人，沒有做過錯誤的決定。」

　　「長江實業盈利近 10 億港元。這麼大的生意，公司的工作人員總數不足兩百人。」

　　「李先生每天總是 8 點多鐘到辦公室，過了下班時間仍在做事，公司同仁也都這樣，這就使長江實業成為一家最有衝勁的公司。」

　　「事業有成之後，李嘉誠又儘量寬厚待人，使和他合作過的個人或集團，全賺得盤滿缽滿。這便奠定了長江實業今後有更大發展的基礎。」兢兢業業是一家公司興旺的基礎，而與合作者利益共用，更是李嘉誠一貫的精神準則。

　　北角的長江大廈是李嘉誠擁有的第一幢工業大廈，是他贏得「塑膠花大王」稱號的老根據地。

　　他在地產與股市兩行玩得順風順水後，人們都以為他早放棄了塑膠業。一次，香江才女林燕妮準備開辦廣告公司，四處尋找辦公地點，跑到長江大廈看樓時，發現李嘉誠竟然還在生產塑膠花，不禁暗暗驚訝，且大惑不解。

　　眾所週知，這時的塑膠花生意早就過了黃金時代，根本無錢可賺。長江實業此時的盈利已非常可觀，就算塑膠花有微薄小利，對長江實業來說，增之不見多，減之不見少，並沒什麼大的影響。儘管如此，長江實業仍在維持小額的塑膠花生產。對此，林燕妮思之再三，終於明白了李嘉誠的用心，「不外是顧念著老員工，給他們一點生計」。

　　為此，林燕妮在一篇文章中寫道：「長江大廈租出後，塑膠花廠停工了。不過，老員工仍被安排在大廈裏幹管理事宜。對老員工，他是很念舊的。」

　　林燕妮的看法很有道理，李嘉誠確實很念舊，對那些幫他打

過天下的老員工們感恩不盡。

一次，有人問李嘉誠為什麼還背著老員工這個包袱。李嘉誠說：「一家企業就像一個家庭，他們是企業的功臣，理應得到這樣的待遇。現在他們老了，作為晚輩，我們就該負起照顧他們的義務。」那人讚歎道：「李先生的精神確實難能可貴，在當今香港，不少老闆待員工老了便一腳踢開，你卻不同。這批員工，過去靠你的廠生活，現在廠沒有了，你仍把他們包下來。」

李嘉誠急忙解釋道：「千萬不能這麼說，老闆養活員工，是舊式老闆的觀點。現代企業的觀念應該是員工養活老闆、養活公司。」商人皆為利來，其最終目的都是為賺錢。商人不是慈善家，工廠沒有效益，關閉是無可厚非的。都說商場是無情的，但李嘉誠卻能化無情為有情，上演了一幕幕動人的人情戲。

李嘉誠「是員工養活老闆、養活公司」的觀念符合現代人的管理思想，值得我們深思，能給我們很多啟迪。

確實，如果沒有廣大員工的賣力苦幹，不管多麼有本事的老闆也是孤掌難鳴，成不了氣候。相反，企業富有凝聚力，員工精誠團結，願意為老闆奮鬥出力，這個企業就必定大有前途。

李嘉誠在談到員工與公司的關係時說：「可以毫不誇張地說，一個大企業就像一個大家庭，每一個員工都是家庭的一分子。員工是替公司賺錢的，是對公司有貢獻的人……」

「我一向這樣想：雖然老闆受到的壓力較大，但是做老闆所賺的，已經多過員工很多，所以我事事總不忘提醒自己，要多為員工考慮，讓他們得到應得的利益。」

也許有人會用「冠冕堂皇」一詞形容李嘉誠的這番話，並認為他這麼說不過是在收買人心。其實，我們可以不必管他如何說，

只看他怎麼做。他為老員工安排出路，總是實實在在的事。不管他這麼做是真心實意，還是收買人心，都對他的事業有實際的好處，使別人能夠真心實意地跟著他幹。一般的老闆，只想利用員工，並不願為員工的利益著想，一有不利，就把員工當包袱甩。這樣，員工就不敢將日後的前途託付給老闆，心心念念想為自己謀出路，有力也不願使出來。這樣對誰有利呢？不過是一損俱損罷了。

按現代經營理念，利益一致才有真誠的合作。所以，首先要瞭解合作的利益問題，這包括下屬的利益與外來合作夥伴的利益。李嘉誠恰恰在這個問題上解決得很好。

李嘉誠不但重用下屬，而且很顧及他們的利益，當事業有發展的時候，會及時讓下屬分享利益。例如，馬世民當年離職前，在和黃的年薪及分紅共計有 100 萬港元，這個數字相當於港督彭定康年薪的 4 倍多。

至於馬世民的其他非經常性收入，則很難計算。

李嘉誠為了增強下屬對集團的歸屬感，往往會給他們以低價購入長實系股票的機會。

就在馬世民離職的 9 月中，他以每股 8.19 港元的價格購入 160 多萬股長實股票，當日就以 23.84 港元的市價出手，轉手間就淨賺 2500 多萬港元。

李嘉誠懂得體恤下屬，讓下屬分享利益，從而使集團形成了更強的凝聚力。

在與合作夥伴的利益交往中，李嘉誠也很善於為他人謀利，做得仁至義盡。

有人說，一般的商家，只能算精明。只有李嘉誠如此的商界

翹楚,才具備經商的智慧。

　　一些人目光短淺,只貪圖眼前利益,做生意時只想著自己獨吞。結果呢,往往是一時賺得小利,而失去了長遠之大利,可謂是撿了芝麻丟了西瓜。

　　李嘉誠說過:「如果一單生意只有自己賺,而對方一點不賺,這樣的生意絕對不能幹。」

　　他還說:「重要的是首先得顧及對方的利益,不可為自己斤斤計較。對方無利,自己就無利。要捨得讓利,使對方得利。這樣,最終會為自己帶來較大收益。」

　　李嘉誠的意思是,生意人應該利益均沾,這樣才能保持久遠的合作關係。相反,光顧一己之利益,而無視對方的權益,只能是一錘子買賣,只會使自己的生意做斷做絕。

◀))) 第五節　用關愛贏取員工忠誠

　　孔子說,仁者愛人。真正的管理者要做一個仁者,去關愛員工,這樣才能讓員工感受到被重視,這樣的激勵往往也最有效果。可以想像,當你給員工的關愛累積得很厚重時,員工又怎能不投桃報李,將一腔熱血付之工作呢?

　　關愛員工,員工才會更忠誠。給員工關愛,是一種柔性的激勵法,看似平常一句話,最是潤物細無聲,因為它最真實,因為它說到了員工心裏。俗話說,「人心齊,泰山移」,全體員工的同心協力、一致努力是企業能獲得最終成功的有力保證。而要做到

這一點，管理者就要多關心員工的生活，對他們遇到的事業挫折、感情波折、病痛煩惱等「疑難病症」給予及時的「治療」和疏導，建立起正常、良好、健康的人際關係、人我關係，從而贏得員工對公司的忠誠，增強員工對公司的歸屬感，使整個企業結成一個凝聚力很強的團體。

下列關懷員工的要點，可供管理者參考。

1.注意傾聽，給員工力所能及的幫助

這意味著管理者要真心幫助員工解決每一個問題，一個優秀的管理者不僅要幫助員工把工作做好，還應該關心員工的生活，在自己的能力範圍之內幫助其解決難題，使其安心工作。

2.當員工的良師益友

簡言之，如果管理者希望管理有方，就必須與員工建立良好的關係，而良好的關係又建立在雙方互相信任的基礎上，這就要求管理者能給員工提供堅實的臂膀來依靠。

第六節　善於溝通，親和員工

關愛員工，就要與員工做好溝通。企業管理中，管理人要善於跟職員溝通，利用「親和的需要」，滿足員工的心理願望。企業不僅僅是管理者的，也是每一位員工的。讓員工自豪地工作，那怕他是在擦地板。這樣的管理方法，無疑提高了員工與經理人員更好合作的願望和能力。以下幾點是親和員工的方法。

1.多跟員工溝通交談，讓他們有被重視感。同時，交談是獲

取信息的重要來源。

2.決不能冷落任何一個工作中的員工。

3.讓每一位員工知道，工作是對企業的貢獻，是值得自豪的事情，那怕是擦地板這樣的小事。

「我要使我的下級有這樣一個信念，就是為他們所做的工作感到自豪，甚至當這工作是擦地板時。」

不是所有人都能這麼說，而且也不是所有的人都做得到，但是有一個人卻做到了，他就是弗蘭克·康塞汀。他是美國國家罐頭食品有限公司的總裁，領導的這家公司是世界上第三大罐頭食品公司。至於他有什麼領導秘訣，下面這句話不知算不算一條：

「如果你使員工對他們的工作有自豪感，這比給他們報酬要好得多。你再給他們地位、被認可感和滿足感……」

這家公司從來不擔心招聘不到好員工。當他們在奧克拉荷馬城的分廠需100個新員工時，在招聘廣告發佈後，竟然收到了2000份申請。也難怪，這個新工廠充滿了家庭氣息，有野餐，工作中還伴隨著抒情的音樂，作為一位員工，還有什麼比這更讓人感到快樂的呢？

在亞利桑那的費尼克斯的工廠成績卓著，公司就搭起一個露天馬戲場讓員工們工作之餘開心快樂。在馬戲場建起的那一天，94名工人的日產量達到了100萬個罐頭的目標。那一天，馬戲場成了歡樂的大本營。而3年以後，工人們將日產量提高到了差不多200萬個罐頭。公司還建立了心臟保健計劃，有600多名受過訓練的員工將負責心臟病緊急救護。他們已經成功地挽救了兩位工友的寶貴生命。美國國家罐頭食品有限公司無疑為員工們創造了一個天堂。公司在不斷地壯大。康塞汀非常高興，但也很難過，

因為他沒有時間同每個人進行交談了，這意味著他不能親自激勵那些優秀的員工了。他把管理人員找來，跟他們講：

「管理人員的工作就是把員工們放在合適的崗位上。如果你把適當的人安排在適當的崗位，他們就會得到心理上的滿足，這種滿足是他們在他們所不能勝任的更高一點的職位上也得不到的。」

有的管理人員說：「我們的工作太忙了，也沒有太多的時間考慮他們的想法。」

「錯了，我們對員工的關注花費並不大，而利益卻在員工的忠誠和高度信心下自然而然地增長，你們的任務之一就是把人性的優點運用到同員工打交道的日常事務中去。」

康塞汀常常說：「我們公司也許不會成為同行業中最大的一家公司，但是只要我們一如既往地對待職員、顧客和供應者，那就已經足夠了。」

以人為中心的管理方式在美國國家罐頭食品有限公司得到了傳承。弗蘭克‧康塞汀的繼任者——羅伯特‧斯圖爾特，加強了公司的深入工廠訪問的傳統。他每年都去各個工廠一次，並和每個員工交談一次。

公司值勤人員在深更半夜時，常常能看到一個身影出現在公司，那就是羅伯特‧斯圖爾特，他是來和那些上夜班的員工交談的。

通過親和員工、給員工以關愛，員工會更忠誠，並且對所從事的職位感到自豪。

案例　**一張溫馨的便簽**

　　便簽是我們身邊一種最常見、最簡單的辦公用品，它由紙製成，形狀除長方形以外還有正方形，顏色也大小不一，幾十或幾百張形成一疊，就成了一個便簽本，它的好處在於，主管可以隨時在上面記錄一些瑣碎的事情然後隨手扔掉，或者可以粘貼到任何地方，方便提醒自己一些事情。

　　正因為一張小小的便簽具有這麼多的特點，所以，它就成了一種另類的獎勵工具，主管可以把你對員工要講的感謝話寫到這張小小的便簽上，然後貼到員工的桌子上，以表達你對員工工作的認可和感謝。雖然是短短的幾行字，但員工看到後還是會非常感動的，因為一張便簽雖小卻透露著一股親切的溫馨。

　　把感謝的話寫到便簽上並不是讓主管長篇大論的去敘述自己的感情，也不是讓主管追求華麗的辭藻去修飾自己內心的感受。其實非常簡單，主管只需把員工的姓名以及兩三句讚美的話語寫到便簽上即可，這正是你的員工所期盼得到的東西。

　　另外，主管既然把便簽當作獎勵工具，就應十分注重便簽的質地和顏色，因為這關係到員工看到你的獎勵後的直接感受。如果你選用白紙之類的便簽，顯然在員工看來這是很隨意的，是輕視他們的表現，如果你選用帶有一定圖案和色彩的便簽，你的員工自然會感覺到你對他們的重視，也會看到你可愛的一面，因為色彩和樣式給人們帶來的直觀感受通常能夠引起人們的聯想。

　　正因為此，在員工的眼裏，可愛的領導是最值得尊敬、最值得為其服務的人，所以主管在用便簽獎勵員工的時候，必須要把

這種認可、這種關注、這種溫馨表現在便簽的型質裏，透過這種「簡而不單」的方式傳達給員工別樣的信息，來達到認可和獎勵的目的。

【專業指導】

- 給員工什麼也比不上給員工溫馨的感覺，這不但體現了主管管理技術的高超，也使員工在精神上得到了認可和獎勵。正應了那句話：一個簡單的小事後面往往透露著一個人的大智慧。

- 精心挑選一種精美的便簽，最好有鮮明的顏色和可愛的圖案，材質一定要好。

- 在上面寫上諸如「我非常感謝你對公司做出的貢獻，並相信快樂永遠伴隨你」之類的話。最後別忘寫上自己的名字。

- 趁員工不在時，把便簽紙放到員工桌子上的醒目位置，並用東西壓住一角，或者把便簽貼到員工辦公桌旁的牆上。

- 千萬不要在員工在場的時候把便簽給他，這樣就失去了獎勵的意義，因為這對於員工來講正式的獎勵不應該只是一張便簽而已，未免有些尷尬。

 心得欄 ----------------------------

案例 **發封電子郵件**

在企業當中，電子郵件被廣泛應用，主要是員工與員工之間傳遞信息的工具。而如今對於主管來說，這種現代化的便捷、便宜、實用的電子通信方式運用到獎勵方法中再好不過。正是由於它的便捷性，往往會起到直接認可員工的作用。

主管給員工發電子郵件雖然不是什麼新鮮事，但在大多數情況下是在向下屬發佈命令與指使，很少被用來認可員工，如果主管給員工發一封表示認可和感謝的電子郵件，必然會給員工帶來意外感，從而備受鼓舞，進而把這種激勵帶到日後的工作中。

發送認可員工的電子郵件，經理人一定不要輕心，因為員工很容易從郵件內容的編排上看出主管的重視程度。首先，你必須給郵件起一個非常醒目的題目，例如「這是一次真誠的感謝」或「為你的出色工作歡呼」之類的語言，這樣可以吸引員工的眼球，一下子引起員工的注意。

電子郵件其實和普通信件差不多，在郵件的開頭你必須寫上員工的名字，但是很多情況下，許多人直接切入正題，很少在開頭寫上名字，這主要是源於快捷交流的目的，這種情況更適用於網上的業務，而不適合於獎勵員工的措施中，主管寫上員工的姓名是對員工的一種尊重，在員工看來，這是主管在重視自己，無疑是一種正式的認可。

值得注意的是，主管很少在郵件結束時寫下自己的名字，要知道，對於一封向員工表達認可和獎勵的郵件，署名是不可或缺的。可以說，只有署了名的郵件才說明主管真正從心底對員工的

工作表示滿意和感謝，這一點員工講當然是非常在意。換句話說，沒有署名的獎勵郵件毫無意義。

【專業指導】

- 主管和員工相互發電子郵件，這是一件非常有意義的事情。主管一方面可以表達自己對員工工作的認可，一方面還能從員工那裏時時獲得最新的「情報」。享受運用現代電子通信方式獎勵員工的樂趣。

- 觀察你所有員工近來的表現，然後發現你的「目標」，列出個名單，計劃好郵件的內容。

- 發送郵件最重要的是首先要知道對方的郵箱號你可以向員工或者員工週圍的同事詢問對方的郵箱號，你也可以通過行政手段把所有員工的郵箱號碼登記備用。

- 寫署名時不要把你的職位和電話號碼寫進去，因為這樣會使員工感到你很做作。

- 你很可能收到員工的電子回信，所以你要耐心地回覆，告訴對方「以後常用郵件聯繫」等等，以便瞭解各方面的實際情況。

第七節　與員工同甘共苦

　　人都是感情動物，理解員工的難處，與員工同甘共苦，這既是一種關心，更是一種激勵。人在感情、意志、思想上，有各自不同的慾望。企業只有對「心靈」進行經營，才能使員工感到自身的幸福與公司的發展是緊密聯繫的。只有堅持為全體員工謀求物質和精神兩方面的幸福，並以此為企業的奮鬥動力，才能使全體員工與企業同心協力，共同前進。

　　1971 年 5 月，日本京都制陶的締造者稻盛和夫收購了美國聖地牙哥一家經營狀況極差的工廠。這個工廠每個月都有 10 萬到 20 萬美元的赤字；員工零散操作，全廠一片混亂，死氣沉沉。稻盛認為人的本質都一樣，在京都制陶推行的管理方式，在美國也行得通。稻盛先選出 50 名能接受京都制陶思考方式的員工進行培訓，並派原主管保曼擔任廠長，希望他能夠領悟京都制陶的哲學。可是工廠一開始運營，美國人和日本人之間思維方式的差異就顯露出來了，導致彼此糾紛不斷，結果工廠每月赤字上升到 20 萬美元以上。

　　痛定思痛，稻盛決定不顧美國人的反感，完全聘用日本管理人員來建立一個全新的公司，一個完全由日本人組成的領導體制建立了起來。

　　「你們辛苦了」，第一次聽到這句話，令美國員工嚇了一跳，但年輕的日本管理人員願意在生產線上與員工同甘共苦的誠意，

令人感動。他們穿著和員工一樣的制服，並且絲毫沒有架子，員工們也自然而然地產生了認同感和團結一致的決心。

　　當工廠業績逐漸好轉時，稻盛買了很多比薩餅在餐廳裏和員工們一塊兒吃飯。第二天，員工們就帶著自己做的菜招待稻盛。自此，他們經常利用各種機會舉辦聯歡會。

　　稻盛在工廠業績上升後，把每月銷售額的 20%當做獎金發放給員工。這使所有人都認識到，公司的發展與自身的幸福是緊密聯繫的。

　　1973 年 3 月，這家工廠終於扭虧為盈，並且成長為京都制陶公司在美國的橋頭堡。在稻盛管理哲學被廣泛接受之後，稻盛又聘請了美國人米勒擔任廠長。稻盛始終認為：工廠要想進一步成長，還需要美國人。但他深信自己的「心靈經營」已真正移植到美國了。1974 年底，石油危機席捲全球，日本也受到巨大影響，經濟第一次出現負增長，社會上甚至出現搶購衛生紙的風潮，京都制陶當年利潤也減少了 50.36 億日元,純利下降 11.31 億日元。稻盛面對如此困難的局面，把它當作「上帝給我們的考驗」勇敢地接受了。首先，他把營業員、科長、部長的工資削減了 10%，並制訂了嚴格的規章制度以求節省。而且他宣佈京都制陶決不停工，決不裁員。

　　稻盛把因產量減少而多餘出來的人力全部編入總務部管轄之下，禁止他們進入廠房。這主要是因為，訂貨量下降，如果還用以前的人手，每人所分擔的工作量減少了，工廠內緊張忙碌的氣氛就會消失，生產效率也將隨之下降，一旦訂貨量恢復時，就不能馬上進入增產狀態。

　　稻盛對多餘人員所採取的對策可謂一箭雙雕，不僅讓員工有

絕對不裁員的安定感，而且使員工明瞭不景氣的事實，維持生產現場的緊張感，使得京都制陶在不景氣結束之後能夠馬上恢復元氣。目前，稻盛和夫領導京都制陶在多個領域都大施拳腳，取得了巨大的成功。他強調全體員工在價值觀上的一致，強調全體員工同心協力，共同前進。京都制陶之所以表現出如此大的凝聚力和向心力，能夠使各種人才，甚至包括美國人都接受其管理哲學，主要是因為稻盛和夫始終不渝地為全體員工謀求物質和精神兩方面的幸福，並以此作為自己的奮鬥目標。

◀))) 第八節　關心員工家人，就是關心員工

關心員工，也可以通過關心員工家人這種間接方式來表現，這種方式看似繞了很大的圈子，但在激勵員工時，往往最有效。

桑得利公司董事長信志郎是一個善於激勵員工的人，他的一些出人意料的激勵方式常常讓員工們感到十分愉快。

瞧瞧他是怎樣發紅包的吧。

他把員工一個個叫到董事長辦公室發獎金，常常在員工感謝完畢，正要退出的時候，他叫道：

「請稍等一下，這是給你母親的禮物。」說著，他又給員工一個紅包。

待員工表示感謝，又準備退出去的時候，他又叫道：「這是給你太太的禮物。」

連拿兩份禮物，或者說拿到了兩個意料之外的紅包，員工心

裏肯定是很高興的，鞠躬致謝，最後準備退出辦公室的時候，又聽到董事長大喊：

「我忘了，還有一份給你孩子的禮物。」第三個意料之外的紅包又遞了過來。真不嫌麻煩，四個紅包合成一個不就得了嗎？

可是，合在一起，員工會有意外之喜嗎？

信志郎真是太狡猾了，其實他並沒有多花一分錢，卻收買了員工的心。

在平常，信志郎安排員工去做事情，員工做完之後他也會給予一個意外的獎勵，雖然那是員工分內之事。

一次，總務部辦事員把一個不小心寫錯了價格和數量的商品郵件寄了出去，信志郎知道後，馬上命令另一個員工將它取回來。

可是，要在那麼多的郵筒當中找一份郵件談何容易。「我怎麼知道他投在那一個郵筒裏了，別人犯下的錯誤為什麼要我去給他收拾？沒道理的。」這個員工小聲地發著牢騷。

「我想他很有可能是投在附近的郵筒中了，附近郵筒的郵件全部集中在船場郵局，你先去那裏看看吧。」

董事長都這樣提醒了，他也只好去了。那個員工在船場郵局果然找到了那份郵件，並把郵件放在了董事長的面前。

「辛苦了，」信志郎露出欣喜的微笑，「這是給你的禮物。」他拿出一份精美的禮物獎賞給那個員工。

原本一肚子牢騷的員工，再也沒有牢騷了，反倒充滿感激。其實，這份禮物也不見得破費多少。

案例 設立員工家庭獎

　　如果主管獲知員工的家庭非常和睦，而且對員工的工作起到了很好的支持作用，主管可以考慮設置一種獎項——職工家庭獎，來獎勵你的員工以及他的家庭。設立這種獎項的目的在於表示管理層對員工以及其家庭的關注、感謝和敬意。當員工獲得這樣的獎勵時一定非常開心和備受鼓舞，他的家人也會因此感到欣慰與滿足。畢竟，家人對員工的關心和幫助沒有被企業漠視和遺忘。而當企業以這種方式表達集體對於員工家庭的敬意時，員工的家人又是多麼為員工感到激動和自豪。同時，這種獎項也是對員工的一種幫助，可以幫助員工加深與家人之間的感情，消除家庭成員之間的不理解和冷漠的態度，使員工能夠把此獎勵方法化為一種長久的動力投入到工作當中。

　　以往企業頒發給員工獎項很少涉及員工的家庭，這就等同於把員工的工作生活和現實生活刻意地分割開來，並不利於員工培養正確而積極的生活心態，甚至可能把家庭中的消極態度帶到工作中，或者把工作中的消極態度帶到生活中，這兩種情況的出現都不利於企業對員工進行有效地要求和管理。

　　所以，設立員工家庭獎必然是主管獎勵制度中一個不可缺少的措施。

【專業指導】

・廣泛搜集員工的信息，看看那位員工工作一直非常出色且家庭非常和睦。

・你也可以向所有員工發放一張調查卡片，調查「誰的家庭

最和睦並且令你感到羨慕」，讓員工寫上答案，然後根據答案的統計結果確定獎勵物件。

• 把員工叫到辦公室中，當著所有部門負責人的面告知那名員工「你的家庭已經被評選為員工家庭獎的獲得者，公司非常感謝你以及你的家庭為我們這個集體所做的貢獻，所以我現在邀請你和你的家庭出席頒獎典禮。」

• 在莊重的場合把獎盃、榮譽證書及獎品頒給員工及其親人。不過獎盃和榮譽證書可以只有一個，但獎品須人人有份。

• 派車接送受獎員工的家人出席頒獎儀式，並為他們設立一個正式的晚宴，你和部下們都將出席，以表示對那名員工和他們親人的祝賀和感謝。

第九節　重視每一位員工

　　洛克菲勒認為，每一個僱主都像是一位樂團的指揮，他們連在做夢的時候都在想激勵、調動起所有僱員的力量，並且使他們盡可能多地作出貢獻，幫助他們演奏出更華麗的樂章，讓他們賺到更多、更多的錢。然而，對許多僱主來說，這註定是一場難以實現的夢，因為他們總是忘記了要善待自己的員工，這就致使他們關掉了僱員心甘情願為其付出的大門。

　　洛克菲勒始終把僱員放在第一位，因為他覺得自己沒有任何理由不去善待那些用自己的雙手來幫他把錢袋兒鼓起來的僱員，

沒有任何理由不去感激那些僱員為他作出的努力和犧牲。

對於僱員，洛克菲勒持很慷慨、體恤的態度，他不但發給他們比任何一家石油公司都要高的薪金，還讓他們享受到保障他們老年生活的退休金制度，並且給予他們在任何時候向老闆要求為自己加薪的機會。洛克菲勒不否認付出慷慨的功利作用，但他更知道，他的慷慨將換來僱員生活水準的提升——這也正好是他的一個很重要的職責。他希望他的每一個下屬、每一個為他做事的人都能夠因為他而變得更富有。

洛克菲勒總是不斷地瞭解僱員的需要，然後再想盡辦法來滿足他們的需求。面對僱員，他總是不斷地詢問這樣兩個問題：「你需要什麼？」「我可以幫上什麼忙？」他隨時都會在旁邊關心他們。洛克菲勒說，他覺得做總裁這個職務最有趣的就是能為僱員提供幫助，助他們一臂之力。

薪水和獎金都是十分誘人的，然而對於很多人來說，直接的金錢是不能夠引發他們效力的動機的。如果給予他們足夠的重視，就可以達到這個目的。在洛克菲勒看來，每個人都渴望被認為有價值、受到重視、贏得他人的尊重。一個人在工作或在家庭中不被重視的痛苦程度是無法想像的。所以，洛克菲勒就像能夠查出破案線索的偵探，他在不停地搜索著每一個僱員對自己感到很自豪的才能。當他瞭解到他們自己最值得重視的才能的時候，就會給予他們重任。一個善於激勵僱員作出最大貢獻的僱主，時刻都不會忘記的是，要讓僱員看到追隨你的人或者是效忠你的人都是很有希望和前途的。所以對他們要給予足夠的重視並委以重任，這也是能讓僱員在工作上有動力進行打拼的關鍵。

做一個和善、溫暖、體貼的管理者，這樣能夠使僱員的精力

更充沛、士氣更高昂。還要時常對僱員表示自己的謝意。沒有一位僱員會記得五年前得到的獎金，但是有許多人對僱主的溢美之詞卻會永遠銘記在心。所以，洛克菲勒從不吝嗇表達心中的感激之情。因為他認為沒有任何一件事的影響力比直接的感謝表現得更深遠。洛克菲勒總是喜歡在下屬的桌子上面留一張便條紙，上面寫著他的感謝詞。他花費一兩分鐘隨手寫出來的感激之語，可能自己早已經忘記了，但是他的感激之意卻會產生鼓舞人心的作用。經過多少年後，僱員還都能記得他留給他們的溫暖和鼓勵，並且把它看做是珍貴的箴言。

　　洛克菲勒盡力為下屬解決問題，以使他們能夠做出更多的貢獻。任何一位僱主的成就都是來自於他們自身的能力和對僱員能力的很好發揮。

案例　聘請營養專家

　　員工食堂是員工每天進餐的地方，然而，在一些企業中，為了節省開支，管理者常常聘請一些不專業的廚師，為員工烹飪每天的餐飲食物。由於缺乏專業知識，這些所謂的廚師根本就不懂得營養怎樣搭配才能達到人體吸收的最佳效果。於是員工每天吃飯菜幾乎都是那「老三樣」，造成員工營養不良甚至胃腸疾病，降低了工作效率。如果主管想表達對員工辛勤工作的感謝，不如為員工們聘請一名專業的營養專家，負責員工食堂或者日常工作生活中員工的餐飲問題。讓員工有一個健康的胃和一副健康的身體，這樣才能在工作中發揮自己的能量。

　　你可以讓營養專家負責員工食堂的餐飲工作，為員工設計出一套既營養又健康的工作食譜，然後監督食堂工作人員，讓他們按要求給員工做出每一頓豐盛的佳餚。保證員工每天營養的供給，使員工積聚力量投入到工作中。

　　你也可以讓營養專家向員工提供諮詢服務。員工會根據日常生活中的狀況，詢問營養專家該怎樣搭配飲食才能有一個好體格。可以讓營養專家把每個員工的問題記錄下來，並想好解決方案，然後把方案交給員工，員工一定會非常滿意。

　　當然，你的企業中也不乏肥胖人士。營養專家正好可以為員工提供一套科學健康的減肥食譜，避免員工因為肥胖而產生各種不適或者疾病，同時避免員工因接受其他不科學的減肥方法而蒙受健康損失。

　　公司為員工聘請一個飲食專家，顯示出主管對自己員工的高度重視，也是對員工出色工作的一種認可和鼓勵，必將激發起員工工作的積極性，並且能夠通過這樣的獎勵方式讓員工有更充足的精力投入到工作當中，為企業創造利潤。

【專業指導】

· 員工如果沒有充足的營養供給，很難有充足的體力或者精力投入到工作中，所以，為員工聘請營養專家等於促進企業提高生產效率。

· 經常到企業的食堂中與員工共同用餐，感受食堂提供的食物是否能夠博得員工的滿意。如果存在很大的不足，你就可以聘請一位專業的營養專家為員工解決問題。

· 企業聘請營養專家時必須核對對方的資質證件，避免上當。同時，與其簽訂一份合約，規定營養專家的責任。

・如果你發現員工營養不良或者過度肥胖，你可以讓營養專家主動為其提供諮詢服務。你也可以請營養專家在企業中開設講堂，向員工傳授怎樣健康飲食。

案例　音樂帶來的放鬆

很多員工在上班前或者是下班後以及午休時間都會放一些音樂來聽，因為一天忙碌而緊張的工作使員工的壓力倍增。那麼如何解壓呢？唯有音樂可以讓他們的心靈有所放鬆。

獎勵員工不但要讓員工獲得物質上的補償，更應該在心靈上讓員工獲得輕鬆與愉悅，這樣在工作中才能放得開手腳，從而以樂觀的狀態迎接每一項艱巨的工作任務。所以，不妨讓員工聽聽音樂，以示你對他們的關懷和理解。

的確，音樂確實是人們放鬆心情的最好的夥伴。人們對音樂的肯定自然有他的道理，而對於員工來講，這些好處體現得淋漓盡致。音樂可以幫助員工放鬆心情，正確理智地處理工作中的事情。而且，音樂中始終帶有積極樂觀的因素，能夠影響員工樹立積極的心態，更能夠幫助員工培養友善的處事原則，從而與同事搞好關係。

有些經理人認為，員工在工作期間聽音樂是極其不能容忍的事情，員工在上班時間聽音樂是一種懶散的表現。其實，經理人的擔憂不無道理，但是卻忽視了人性化的一面。主管完全可以規定聽音樂的時間與方式，來達到獎勵員工而又不影響工作的目的。

例如在午休前，可以讓員工聽一聽音樂以緩解上午緊張工作

帶來的疲勞。下午三點多也可以聽一聽音樂，使漫長的下午半個工作日充滿樂趣和輕鬆，這樣更能夠使員工出色的完成工作。否則，一旦員工對工作產生乏味感，勢必影響工作效率。如果你告知你的員工說：「你們可以聽聽音樂，放鬆放鬆。」相信員工都會露出難得的笑容。你也就成為了傳說中的「上帝老闆」。

【專業指導】

- 為了保證員工所聽的音樂內容都是積極向上的，公司主管不妨親自到商場去挑選音樂碟片。

- 根據員工的愛好和性格挑選音樂也是一種有效地獎勵辦法，你可以事先對員工有所瞭解後，再選擇音樂贈送給員工。

- 選擇讓員工聽取的音樂最好不要選擇節奏太快的音樂，因為聽這樣的音樂起不到放鬆的作用，還會讓人十分緊張。

- 公司也可以在每個辦公室都裝上一個互相連接的音響設備，當你看到員工都比較勞累時，就播放幾首歌曲，以緩解員工的疲勞。

- 你也可以允許員工在單位佩帶耳機聽音樂，這樣還能在不干擾別人工作的前提下達到獎勵的目的。

心得欄 _____

第 *2* 章

喚醒員工積極的心理內驅力

(((第一節 有效獎懲激發員工正向行為動機

要激發員工的積極性，最重要的是使員工發現自己所從事的工作的樂趣和價值，能從工作的完成中享受到一種滿足感。

獎懲是指激發個體的動機，引導其體內潛在的動力，朝著組織的既定目標努力奮鬥的心理活動過程。簡單地說，就是激發個體的積極性的過程。從誘因和強化的觀點看，獎懲是將外部適當的刺激轉化為內部心理的動力，從而增強或減弱人的意志和行為；從心理學角度看，獎懲是指人的動機系統被激發後，處於一種活躍的狀態，對行為有著強大的內驅力，促使人們為期望和目標而努力。

在一次調查中，要求 70 位心理學家說出主管人員必須懂得的人性中最關鍵的東西，有 65%的人說了「積極性」。

主管必須記住的是，如果你不能通過有效的手段激勵或激發

別人的積極性,你就不能領導他們。如果你領導不了別人,那麼你想做的一切事情都必須由自己獨立完成。

關於激勵,美國哈佛大學詹姆士教授在研究中發現,按時計酬的分配制度僅能讓員工發揮 20%～30%的能力;如果受到充分激勵的話,員工的能力可以發揮出 80%～90%,兩種情況之間 60%的差距就是有效激勵的結果。

一、需要產生動機,動機引發行為

那麼,對一個企業來說,有效的激勵從何而來?在我們看來,實現激勵效能、調節個體積極性的最大杠杆便是獎勵與懲罰。幾乎所有企業的文化、價值觀(一種高級形態的激勵方式)的形成和有效性等,無不依賴於最基礎的獎懲政策和相關執行工作的科學合理性。

人都是理性的,是趨利避害的。人們在做出任何行為之前,都會問一下自己能從中得到什麼,也就是說人們會以不同的方式為自己的利益服務。即便人們做出幫助別人的行為,那也是因為這些行為有利於自己。例如,人們之所以把錢無償捐給窮人,是因為這種慈善的舉動會讓他們覺得自己被別人需要及自己很有能力。需要產生動機,動機引發行為──這是獎懲效應的心理機制,也是所有激勵理論的基礎。

我們可以這樣簡單地說:如果一個管理者無法在動機和行為之間找到一個科學、合理的「需要」點,並將其作為引發行為的動力基礎,那麼我們的任何管理措施都不可能讓員工產生積極的行為。

　　下面這個案例說明的問題，在我們的管理活動中非常普遍。

　　保羅‧蓋蒂是一位非常注重通過激勵來提高員工積極性的「石油大王」。有一次，保羅‧蓋蒂以高薪聘請一位叫喬治‧米勒的人勘測洛杉磯郊外的一些油田。這位米勒先生是美國著名的優秀管理人才，對石油行業很熟悉，而且勤奮、誠實，管理企業也有一套方法。

　　米勒到崗一星期後，保羅‧蓋蒂來到洛杉磯郊外的油田視察，結果發現那裏的面貌沒有多大變化，不少浪費現象及管理不善的現象仍然存在，如員工和機器有閒置現象、工作進度慢。另外，他還瞭解到米勒下工地時間很少，整天呆在辦公室。因此，油田費用高、利潤上不去的問題依然無法解決。針對這些狀況，蓋蒂對米勒提出了改進的要求。

　　過了一個月，蓋蒂又來到油田檢查，結果發現改進還是不大，因此有點生氣，很想把米勒訓斥一頓，但冷靜後他想，米勒是有才幹的，而且自己也給了米勒很高的薪酬，為什麼這些現象沒有取得根本性的改觀呢？他決定找米勒好好談談。

　　蓋蒂嚴厲地說道：「儘管我每次來這裏的時間不長，但總發現這裏有許多地方可以減少浪費、提高產量和增加利潤，而你整天在這裏竟沒有發現這一點。」

　　米勒不隱藏地直說：「蓋蒂先生，因為這是您的油田。油田上的一切都跟您有切身的關係，所以您眼光銳利，看出了一切問題。」

　　如果你是蓋蒂，聽完米勒的這番帶有挑戰性的話，你會作何感想？在這個案例中，支撐米勒幹出業績的條件有下面這樣幾項。

　　第一，米勒有能力幹好。

　　第二，蓋蒂給了米勒符合其能力的高薪。

第三，蓋蒂對米勒提出了改進要求。

這三個條件對應的分別是管理中的三個關鍵點：能力、薪酬、控制。但核心問題是：為什麼還產生不了業績呢？

二、獎懲決定員工的績效

人的行為動機、動力和利益是密切相關的，利益連接著動機，動機和利益一致了就會產生動力。之所以出現「領著高薪還幹不出成績」的情況，是因為沒有建立起「幹好」與「利多」之間的紐帶關係。米勒拿的高薪並不具備獎懲的效力，而變成了一種福利。換言之，高薪並不能激發米勒的工作積極性，一定還有比高薪更重要的需要沒有被滿足。基於這種考慮，蓋蒂做出了一項大膽的嘗試。讓我們接著來看這個故事的下半部份。

蓋蒂再次找到米勒，直截了當地說：「我打算把這片油田交給你，從今天起我不付給你薪水，而付給你油田利潤的百分比。你是知道的，油田愈有效率，利潤就會愈高，那麼你的收入也愈多。你看這個做法怎麼樣？」

米勒考慮了一下，覺得蓋蒂這一做法對自己來說雖然是種壓力和挑戰，但也是展示自己才幹和謀求發展的機會，於是欣然接受了。

從那一天起，洛杉磯郊外油田的面貌一天天地改觀了。由於油田的盈虧與米勒的收入有切身的關係，所以米勒對這裏的一切運作都精打細算，對員工更是嚴加管理。他把多餘的人員遣散了，讓閒置的機械工具發揮最大的效用，對整個油田的作業重新進行一環扣一環的安排和調整，減少了人力和物力的浪費。他自己也

改進了工作方法，幾乎每天走到工地檢查和督促工作，改變了過去那種長期坐在辦公室看報表的管理方法。

兩個月後，蓋蒂又去洛杉磯郊外油田視察，這回他高興極了，這裏已經沒有浪費的現象了，產量和利潤都有了大幅度增長。

這個故事對於現在的管理者來說可能沒有什麼，因為股權激勵的理論與做法（包括後來演變的項目股份制、內部股權激勵制等）早已深入人心，但在當時的情況下這的確是一項大膽的嘗試，這一嘗試的結果是極大地激發了米勒的積極性和工作潛能，而產生這一結果的原因在於蓋蒂重新定位了米勒的需要，並根據其需要改進了獎懲方式。

這個例子雖然簡單，但它讓我們體會到了獎懲的一個核心內涵：獎懲必須找到與對方心理上的需要相匹配的某個關鍵要素，以引導對方正向行為動機的產生。戴爾·卡耐基說：「世界上唯一能夠影響對方的方法，就是給他們所要的東西，而且告訴他如何才能得到它。」有效獎懲的前提條件是管理者真正懂得員工內心的需要。

三、用獎勵激發員工自我發展心理

本質上，趨利是一種自我成長和發展的心理需求，這個需求從個人來看是積極的，但在管理的現實活動中，卻未必如此。例如，一個企業的員工的需求是更高的物質回報，但公司無法提供，那麼這個需求就可能往不利的方向轉化。

以前，我們說「顧客是上帝」，要根據「上帝」的需要提供各種產品和服務，現在則提倡「員工也是顧客」──要想讓員工好

好幹，就必須用激勵這一產品來滿足員工的各種合理需要。需求是最大的動力，如果沒有找準需求，就會出現牛頭不對馬嘴的笑話。戀愛中的人最怕的是「其實你不懂我的心」，父母最無助的是子女說「我不需要你管」，銷路最差的不是殘次品而是「不需要」的產品……

那麼，員工到底要什麼？臨床心理學家馬斯洛的需要層次理論為我們提供了這方面的經典答案。他把人類不同種類的需要按照金字塔的形狀進行排列，如圖 2-1-1 所示，最低層次的是基本生理需要，最高層次的是自我實現需要。

圖 2-1-1　馬斯洛需要層次金字塔

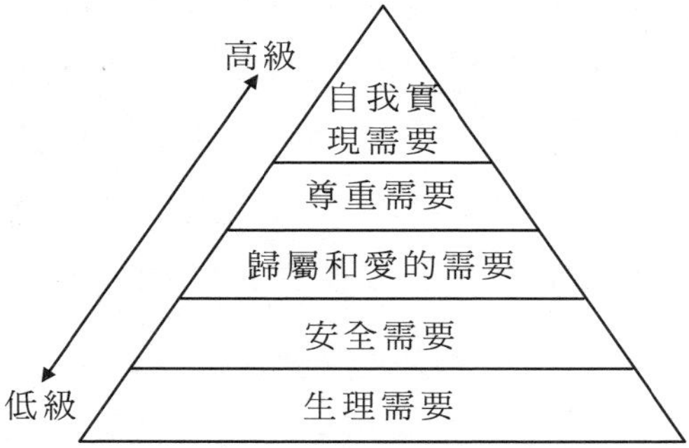

在馬斯洛 5 個層次的心理需要的基礎上，心理學對個體行為動機的研究在各個領域得到了深入的展開，但其大體內涵仍然是圍繞著這 5 種不同層次的需要展開的。因而，我們可以將這個經典理論作為我們認識員工趨利動機的基礎理論支持。

從具體管理活動來看，將馬斯洛的理論運用在員工獎懲上，我們可以進行表 2-1-1 所示的解析。

表 2-1-1　馬斯洛需要層次理論在員工身上的具體體現

需要層次	含義	員工身上的具體體現	對應的獎懲方式
生理需要	人得以生存的最基本需要	要求得到一份符合其能力水準的薪水，滿足生活所需	a、調整工資 b、_____ c、_____
安全需要	生理、心理及情感方面的安全需要	職業安全感和對現狀的滿足：害怕被企業開除、降職等	a、無固定期限合約 b、_____ c、_____
歸屬和愛的需要	渴望得到家庭、團體、朋友、同事的關懷、愛護、理解	尋找和建立和諧的人際關係，重視與同事的交往	a、關心、表揚員工 b、_____ c、_____
尊重需要	希望被別人尊重	渴望做出成績，獲得名聲、地位和晉升機會	a、讓員工參與決策 b、_____ c、_____
自我實現需要	自我成就需要和自我發展需要	從事創造性工作，最充分地發揮自己的潛在能力，成為自己所期望的人物	a、委派特別任務 b、_____ c、_____

　　在這個表中，只列舉了一些常見的激勵方式，你可以根據自己的管理實踐填寫完整，並深入琢磨這個措施的適用條件和效能結果。我們仍然要記住的是：與避害動機一樣，如何利用趨利動機制定獎懲措施，仍然要強化匹配的概念，要依照不同員工的不同心理特徵，確保我們的措施與對方的心理對接，從心理上激發對方正向的行為動機。若做不到這一點，無論是懲罰還是獎勵，也無論是從物質需求入手還是從精神需求入手，都不可能產生較好的管理效能。

四、用懲罰激發員工自我保護心理

　　大多數管理者都存在一個認識上的偏失，這個偏失表現為經常認為獎勵是為了刺激員工的積極性，而懲罰是為了規避員工犯錯誤。其實不然，懲罰的目的絕不僅僅是為了避免員工犯錯，更是為了從反面促進員工的積極性。

　　心理學研究向我們揭示了存在於個體心理上的兩種動機，分別是避害和趨利。什麼是避害動機？簡單點說就是廻避對自己可能有害或不利的心理動機，是圍繞著自我保護的心理需要產生的相應動機。

　　舉個例子，當一個人極其渴望自己能夠在一個安定的環境下生活和工作的時候，他就會逃避不安定的環境。而如果這個環境已經不安定，那麼他就會存在強烈的危機意識，並產生相應的行為動機——努力使這個環境變得更安定。過去很多企業都採用末位淘汰制，這也是一種懲罰性措施。但深入研究末位淘汰制的效用問題，我們會發現它的目的不在於真正淘汰誰，而在於製造心理壓力。反過來說也一樣，如果某個末位淘汰制不能製造出這種壓力，那麼末位淘汰制就演變成了純粹剔除人的工具，那它就不能產生真正的效用。從這個意義上說，懲罰和獎勵都只是一種手段，其根本目的在於激活員工正向的心理動機。

　　要從避害動機的角度探討管理的懲罰手段，我們的第一個原則是：清楚團隊中的每一個人真正害怕的是什麼。古語說：「民不畏死，奈何以死懼之」，說的是老百姓不怕死，執政者卻還要以死來嚇唬老百姓，結果自然是事與願違。

　　大凡相對成熟的公司，都會在自己制度中出現罰款、降薪、警告、記過、降級、撤職、開除等懲罰措施及其適用條件，管理者必須清楚不同的懲罰措施產生的效用的差異，並有針對性選擇。

　　一位部門主管新招了一位員工，這位員工工作非常賣力，還經常加班，就是有一個毛病，上班時常遲到。雖然每次考勤都要扣不少款，可一個月後該員工的遲到行為還是沒有大的改觀。這位主管覺得不能再放任下去，否則不僅會引起公司內部的不滿，而且還會毀了這個年輕人。這位主管瞭解到該員工最關心的是自己在公司中的晉升機會，於是找到這位員工說：「如果你不能改善遲到的狀況，兩年之後晉升就可能會有很大障礙。」並且給了這位員工一份改進單，讓他如實記錄自己的考勤情況，以作為日後晉升的依據。此後，該員工再也不敢輕易遲到了。

　　在這個案例中，員工怕的不是考勤的扣款，而是晉升的障礙。

　　從心理層面來看，一個人在「希望得到」與「得不到的危險」之間，其心理現狀會被打破，從而失去平衡並重新進行調整。這個時候，他通常可以有兩種選擇：其一是放棄，其二是爭取。懲罰的有效性就在於讓他做出第二種選擇。要做到這一點，需要對員工的心理進行透徹的洞察，這方面的問題我們會在後面的內容中加以深入論述。

　　單就上面這個案例來說，我們可以用表 2-1-2 進行說明。

表 2-1-2　員工懲罰效果表

所犯錯誤	員工「死穴」	懲罰措施	效果
時常遲到	晉升機會	再遲到將影響晉升	不敢輕易遲到

根據上面的案例，你可以回顧一下你曾做過的幾次有效的懲罰，並填完上面的表格。填完之後，你將會發現，一般情況下，對員工「威脅」最大的懲罰是開除，如果這個員工還想繼續在這個公司好好幹的話。反過來說，如果一個員工不想在這個公司好好幹，那麼開除措施對他來說是無效的，因為他會說「大不了不幹了」。但是，當你更進一步研究員工心理後，你還是會發現，只要員工仍然還在你的隊伍中，他就總是存在著某方面的動機，這就意味著開除雖然無效，但仍然有其他措施可以調整員工的行為。

第二節　依據員工心理靈活設計獎懲策略

在具體的應用中，雖然每個員工都是趨利避害的，但由於價值判斷因人而異，所以每個員工「所趨之利」和「所避之害」不盡相同，而且「趨利」程度和「避害」程度也是不一樣的。有人死愛面子，對名譽地位非常看重，此時名譽的授予、剝奪就是對他最大的獎懲。例如，工程技術人員和技術工人非常看重別人對其技能水準的認可，此時就可以將給予職稱和技能水準認證當做獎勵，反之就是懲罰。對於那些一味追求金錢的人，你再怎麼批評他也無所謂，此時罰款就是最大的懲罰。

1.曾國藩的「胡蘿蔔＋大棒」

曾國藩就非常懂得根據下屬類型進行獎懲，從而把湘軍治理成為一支很有戰鬥力的軍隊。他的方法很簡單，他認為農民出來賣命打仗無外乎是為了升官發財。對想當官的人，打小勝仗當小

官，打大勝仗當大官；對想發財的人，打小勝仗發小財，打大勝仗發大財。把打仗的勝負與士兵的升官發財聯繫在一起，這就為這支軍隊注入了活力和生命力。

曾國藩的方法主要是獎（胡蘿蔔），如果把懲（大棒）再加進來的話，那麼情況又複雜了。如果把不同程度的獎勵比做胡蘿蔔（大獎）和白蘿蔔（小獎），把不同程度的懲罰比做大棒和小棒，那麼就會有如圖 2-2-1 所示的 4 種不同的獎懲策略。

圖 2-2-1　4 種不同的獎懲策略

大棒	白蘿蔔＋大棒 （「面子型」）	胡蘿蔔＋大棒 （「逐利型」）
	小棒＋白蘿蔔 （「庸碌型」）	胡蘿蔔＋大棒 （「死豬型」）
		胡蘿蔔

2.獎懲策略對不同類型員工的應用方法

不同的獎懲策略應用於不同類型的員工，會產生不同的效果。

有些人工作的目的只是為了獲得經濟報酬，追逐經濟利益，對一分一厘的得失都很在意，對這種人，就應該用金錢等經濟因素去刺激他們的積極性。對於消極怠工者，可以用強制性的嚴厲懲罰手段去處理，即採取「胡蘿蔔＋大棒」的強硬策略。

有些人，他們工作的主要目的也是為了賺錢，但經濟懲罰卻對他們幾乎無效，正如老話說的，「死豬不怕開水燙」。對於這種人可以採取「胡蘿蔔＋小棒」的安撫策略。

還有一種人，他們更害怕懲罰，對獎勵的態度則較為冷淡。這種人自尊心很強，「活要面子死受罪」，一旦做錯了事情，他們

寧願你少給點錢，也不希望被當眾批評。對這類人，可以採取「白蘿蔔＋大棒」的懷柔策略。

還有一種人，他們既不刻意追求獎勵，也不太在乎懲罰。工作中比較循規蹈矩，你很難找出開除他的理由，而一般的獎懲對這些人來說又沒有多大的效果。這種人要麼是庸碌之輩，「好壞不領情」；要麼是對你設定的獎懲不感冒，「非池中之物」。對於前者，你如果覺得有必要留任的話，那麼採用「白蘿蔔＋小棒」的策略即可，否則開除了事；對於後者，無論是白蘿蔔還是胡蘿蔔，他們都看不上，他們更看重的是自身價值能否得到體現，自己的理想能否得到實現，這時候，管理者就應該考慮更多的獎勵方式，讓其自動、自發地為自己工作。關於後者的獎懲，將在後面重點介紹。

3.獎懲以公正為平衡手段：員工對公正的心理需求

激勵是對員工需求的滿足，對於不同的員工，需要採取不同的獎懲策略。但是，管理者在選擇獎懲策略的時候，切記不要犯另一個錯誤——獎懲不公。相對於「對症」獎懲來說，「公平」獎懲往往更考驗管理者的智慧。

公平是獎懲過程中一個很重要的原則，任何不公的待遇都會影響員工的工作效率和工作情緒，影響獎懲的效果。工作取得同等成績的員工，一定要獲得同等層次的獎勵；同理，犯同等錯誤的員工，也應受到同等層次的處罰。如果做不到這一點，管理者寧可不獎勵或者不處罰。

著名經濟學家詹姆斯在《公正是最大的動力》一書中寫道：「公正是人類社會發展進步的保證和目標。公正對人格的尊重，可以使一個人最大限度地釋放能量。不公正則是對心靈的踐踏，對社

會的罪行。所以，堅持公正的管理和行事原則，是每個人、每個機構的責任和義務。」

換句話說，公正本身就是員工的心理需求之一，獎懲的有效性必須滿足員工對公正的需求。

案例　主管要到公共食堂用餐

主管總是反思自己對待下屬的態度，也總是把平易近人作為對待員工的相處哲學，但事實上做到的卻不多。不是因為你本身不想這麼做，而是與員工接觸機會很少而已。所以，主管可以採取一起用餐的方式，通過平易近人的態度來達到認可員工和獎勵員工的目的。

這種獎勵方法對主管有一點要求，那就是必須到企業的公共食堂去用餐。當你看到最近工作表現十分突出的員工，你可以拿著你的餐盤笑容滿面的坐到那名員工的旁邊或者對面，同那名員工一同用餐，並同其交談。如果主管想展現一下風度，在坐到與受獎員工相鄰的座位之前，最好對員工微笑的詢問一句：「我可以坐這嗎？」那名員工如果抬頭看到居然會是你在客氣地問他，想必定會露出驚喜的表情。當然，坐在一起用餐少不了交談，你可以趁此機會向那名員工說一些讚美之詞，以表達你對他工作的認可。同時你也可以跟那名員工談一些愉快的話題，或者談一些個人的經歷與感受，以表達你對員工的關懷。

跟你一起用餐的員工一定會大受鼓舞，當著如此眾多的員工自己居然能夠跟企業的領袖一同用餐，簡直就是莫大的面子，自

信心、自豪感也會隨之產生，當然最重要的是那名員工會非常快樂。當眾受到你的認可和讚美，無疑是一件開心的事情。當你與員工一起用餐的時候，員工會從中體會出你平易近人的領導風格，這樣更能夠幫助你在員工當中樹立威信，同時還可以鼓勵更多員工熱情工作。

當你坐到員工身邊時，員工就已經獲得了你的關注，而一些愜意的交談更能夠讓員工感受到你的支持與鼓勵。所以，主管應該儘量推掉一些不必要參與的應酬，多花一些時間與你的員工在一起，相信你所收穫的絕對超出你的期望。

如果你坐到一個左右前後都有員工的座位，無疑是等於擴大了獎勵的範圍。

【專業指導】

- 每天中午都到食堂去用餐，而且一定要跟員工一樣排隊打飯，你可以事先查看一下食堂內的員工，都有誰在最近的工作中表現得非常出色，然後選擇一個目標實施你的計劃。
- 千萬不要忘記臉上要始終保持微笑，這樣才能真正達到獎勵員工的目的，否則員工的心情肯定會受到影響，不利於你對他的工作表示認可。
- 對員工表達認可後所交談的話題應儘量避免與工作有關，因為員工每天只有在午休用餐時才能夠減輕一下工作的壓力，這時候的員工更希望得到身心上的放鬆，所以，跟員工談一些娛樂的話題是一個不錯的選擇。

案例　舉辦慶功宴

當員工獲得某項榮譽時，主管可以考慮為其舉行一次慶功宴，以表達你對員工的鼓勵。

如果說頒獎典禮可以表達對員工的認可的話，那麼隨之舉辦的慶功宴則是對員工的二次認可，也可以體現管理層對受獎員工的重視。

事實上不僅如此，當受獎員工參加慶功宴時，不僅可以獲得你的認可，還會受到其他同事和部門領導的讚揚，這就無形中加大了認可的力度，那麼員工就會產生巨大的成就感和自豪感。當然，在這種氣氛下更能夠樹立一種責任感，畢竟巨大的獎勵後面始終跟隨的是很大的期待，這一點員工非常清楚。

至於慶功宴舉辦的地點，最好選擇在當地的飯店舉行，主管也可以選擇你的部下經常去的用餐地點，以增添用餐的輕鬆氣氛。而且，應儘量選擇一個離辦公場所有一定距離且環境幽雅，遠離人群的地方。因為到辦公場所以外的地方舉辦慶功宴，可以減少工作的干擾，避免注意力的轉移，並且強調了受獎員工的核心地位。另外，舉辦慶功宴也是對所有在場參加員工的一種認可，每個人都會為此感到高興並受到鼓勵。

當然，慶功宴少不了主管的祝酒詞，主管可以在致辭中表達對所有員工辛勤工作的感激之情，更應該著重表揚受獎員工的貢獻和事蹟，對受獎員工進行再次認可。

最後，主管如果想要把宴會的氣氛推向高潮，就要高昂地說出你對所有員工的期待，並強調自己相信員工一定會出色地完成

以後的工作，這樣做無疑是鼓勵了在場的所有員工，達到了擴大獎勵範圍的目的。

【專業指導】

- 與部門主管開會研究慶功宴的舉辦時間和地點，然後立即著手實施。
- 選擇好地點後，事先打電話預定一個大包間，如果參會人員比較多，那麼就應該把場地整包下來。
- 當員工獲得某項榮譽時，你把他請到辦公室中，當著所有主管的面說：「你通過自己的行動獲得了令人驕傲的榮譽，公司今晚會為你舉行慶功宴，希望你能夠攜家人一同參加。」
- 派車接送受獎員工的親人一同參加慶功宴，以表達對受獎員工的敬意和重視。
- 慶功宴上儘量要舉行一些小的助興節目，例如讓受獎員工抽選當天在場員工的姓名，然後派發禮物，這樣可以擴大獎勵的範圍。
- 參加慶功宴的人員名單裏不但要有各部門的主管，更應該多邀請普通的員工參與其中，可以通過員工推薦的方式，讓各部門選出幾名或十幾名參加慶功宴的人選。
- 雖然要達到獎勵員工的目的，但是慶功宴一定要秉持節儉的原則。一些企業慶功宴上「燒錢的現象」屢見不鮮，但並不是促使企業管理工作健康良性發展的明智選擇。

🔊)) 第三節　設計獎懲策略的兩個基本要求

　　知道了員工的心理動機及相應的獎懲辦法，瞭解了員工大致屬於那種類型，接下來要做的就是讓你的獎懲走進員工的內心。在此，有兩把鑰匙可以幫助你打開員工的心扉。

　　第一把鑰匙是將心比心。孔子說，「己所不欲，勿施於人」，有效的獎懲應該是「己所欲，施於人」。具體就是，管理者在獎懲員工之前，必須先問自己一個問題：當我處於他這個地位和狀態時，我更希望得到什麼和害怕失去什麼。

　　只有第一把鑰匙還不夠，因為你覺得能夠激勵到自己的東西不一定能激勵到別人，否則就不會出現「我本將心向明月，奈何明月照溝渠」的感歎了。

　　在海岸邊超市抽獎窗口，一位中年男子悶悶不樂，有人問：「難道你沒有抽到什麼獎品嗎？」

　　中年男子回答：「不，我抽到了一等獎，但是太糟了。」

　　那人問：「怎麼個遭法？三等獎是洗衣機，二等獎是筆記本電腦，一等獎豈不是更貴重？」

　　中年男子指著海邊的一艘巨輪答道：「一等獎就是在上面免費度假半個月。」

　　那人問：「度假也不錯啊，你為什麼不高興呢？」

　　中年男子回答道：「因為我就是那艘船的船長！」

　　看了這個故事你可能會笑，但很多管理者在激勵員工時就常

常犯這樣的錯誤，再看看下面這個案例。

　　李先生剛到一家電腦公司從事銷售工作，雖然工作非常盡心，但起初的業績並不是太好，拿的工資也是部門最低的。他的部門主管很看重李先生的工作態度，決定幫助李先生，給他提供一份額外的工作，讓他每個星期六到公司值班，就可以得到當日雙倍工資。因為林嘉也是從業務員做起的，他剛進這家公司時特別希望主管能夠給他一份雙倍工資的差事。

　　主管滿以為李先生會很樂意去幹，可李先生卻拒絕了他的好意，因為李先生對自己的生活狀況已經比較滿意了。雖然他不能開新車、穿名牌服裝、去夏威夷度假，但單身的他並不覺得這有什麼不好。對李先生來說，星期六休息比多賺錢更重要。

　　一個合格的管理者，一定是懂得「己所不欲，勿施於人」的；而一個聰明的管理者，一定還要懂得「人所欲，施於人」。試想，如果員工喜歡吃辣椒，而你偏偏給他甜點；如果員工喜歡吃素食，你卻給他大魚大肉……員工肯定不會高興，因為他沒有得到想要的東西，而且你的投入更大。這就是典型的「好心辦壞事」。

　　「己所不欲，勿施於人」，這個道理眾所週知。在設定獎懲機制時，管理者還應該問另一個問題：「施於人」時，「己所欲」的是否是員工想要的呢？

　　動物園的飼養員訓練動物時，用食物來做獎勵。海豹吃的是魚，猴子吃的是香蕉，長頸鹿吃的是草。同理，真正有效的激勵應該是給兔子餵白菜，給小雞餵蟲子，給老虎餵肉。

　　根據動物界的這一現象，我們可以一起來思考下面這個問題。

　　小猴想進城，可沒人拉車。他想呀想，終於想出了一個好主意。他在車上繫了三個繩套：一個長，一個短，一個不長也不短。

他叫來了小老鼠、小貓和小狗，分別把這三個繩套套在他們身上，於是小老鼠、小貓和小狗爭先恐後往前跑，小猴快快樂樂地坐在車裏，不一會就進了城。

問題：如果你是那只小猴，你會怎麼安排繩套呢？請把你的答案寫在如圖 2-3-1 所示的框裏。

圖 2-3-1　小猴坐車進城

長繩套　　中繩套　　短繩套　　　小猴

這個圖看起來很像個「食物鏈」：貓捉老鼠，所以應該把貓放在老鼠後面；那狗怎麼辦呢？你可以讓貓在背後背一塊骨頭，這不就把食物鏈給串聯起來了嗎？獎懲的道理與這個食物鏈相似，通過一環扣一環的需求激發和設計，可以推動員工產生合理而又積極的行為動機。

第四節　有效獎懲的力度要抓準

在獎懲員工的過程中，管理者容易犯的錯誤有下面這樣三種。

1.重罰輕獎：企業的管理制度和規定基本沒有獎勵條款，管理制度成為罰款制度。

2.不捨得獎：小氣，心胸狹隘，不捨得或不情願獎勵員工。

3.不忍心罰：菩薩心腸，假慈悲，放任員工的錯誤。

在行銷管理中，我們經常看到這樣的現象：業績突出的沒有

得到重獎，以至於培育不出行銷英雄，業務員沒有學習的榜樣，行銷隊伍鬥志、激情不旺盛，造成銷量增長不快，員工成長緩慢；或者沒有完成業績的本該受到重罰，結果只是小罰了事，以致那些業績平平的業務員繼續原地踏步，缺乏進取心。

在面對這些弊端的時候，正確的做法應當是「獎要動心，罰要痛心」。只有這樣，才能最大限度地發揮獎勵的激勵作用和懲罰的警醒作用。

在新加坡的地鐵裏，如果發現一個人吃東西或喝飲料，按規定會罰款 1500 新幣。平時幾乎看不到這種情況發生，這是因為罰款的額度很高，所以大家都會認真地遵守，誰也不願意去冒險，結果是很少有人被罰。因為這種高額的罰款不是真的為了罰，而是為了不罰，是為了殺一儆百，形成一種行為規則上的威懾力。

一、獎勵：從不溫不火到驚心動魄

案例告訴我們，管理要重獎重罰，既要捨得獎，也要敢於罰。獎要獎得心花怒放，獎出鬥志、獎出士氣、獎出業績；罰要罰得膽戰心驚，罰掉惰性、罰掉壞習慣。要強制性淘汰最差的員工，提升員工的整體素質，提升企業競爭力。

有句古話，「重賞之下必有勇夫」，意思是只要肯花錢，就沒有幹不成的事。這不僅僅是一種經驗之談，更是一種實踐證明了的有效的管理手段。

對於付出了艱辛勞動而成績突出的員工，管理者要理解他們，關心他們，為他們的成績而高興，要以重賞回報他們付出的努力，這樣才能在企業中形成榜樣效應。

玫琳凱被報刊稱為「嬌小女人」、「像木蘭花一樣好看可愛的女人」，她同時也是一位成功的女老闆、化妝行業中的女強人。為了激勵她的推銷員，她將粉紅色「凱迪拉克」和鑲鑽石的金黃蜂作為公司獨特的獎勵品。她規定：凡連續三個月、每月推銷 3000美元產品的推銷員，可以獲得一輛「奧茲莫比爾」轎車。諸如此類的獎品隨著推銷產量的增加而逐級增加，一直到二等獎品，就是粉紅色的「凱迪拉克」轎車一輛，並且在隆重的「美國小姐」加冕儀式上頒發。而頭獎則是一個鑲著鑽石的黃金製作的黃蜂。

玫琳凱的這些獎勵是真正的重獎，它們不但價值不菲，而且與崇高的榮譽連在一起，無疑會大大刺激推銷員的積極性。而事實也證明這種重獎的刺激十分有效，每位員工都為了獲得這些獎勵和榮譽付出了全身心的努力。

玫琳凱的這種獎勵來自於她在史丹利工作時的一段經歷。那時，有些女推銷員工作非常出色，因此獲得「推銷皇后」的獎勵。玫琳凱借了 12 美元前往達拉斯參加年會，去向當年的推銷皇后請教。她發誓第二年也要贏得獎賞。後來她的目的達到了，可是獎品卻只是一個誘魚用的水中手電筒，對她沒有任何用處，令她啼笑皆非。玫琳凱由此認識到，公司獎勵絕不能馬虎了事，必須能真正體現出優秀推銷員的價值。她是個富有想像力的人，於是就有了粉紅色「凱迪拉克」和金黃蜂的創意。

二、重獎策略的關鍵問題

大多數情況下，重獎都是有效的。但重獎未必能夠引起員工積極的行為反應，這取決於兩個方面的基本條件，分別是：判斷

標準清晰且客觀和獎勵的制約機制健全,確保獎勵不朝負面發展。

1.清晰、客觀的判斷標準

判斷「重賞」的標準必須清晰,必須以數字說話,不能摻雜好惡和個人判斷。

費城的NCO財務管理系統公司是一家擁有150萬美元資產的代理托收機構。該公司的創始人麥克爾・巴厘斯特專門為管理數據輸入的職員制定了一個物質獎勵辦法,這種方法使工作效率平均提高了25%,工作品質卻沒有因此下降。巴厘斯特規定,只要每天下班時員工的工作沒有留下尾巴,就可以得到一個計分點。到月底時,3位工作最出色的員工就可以分別得到250美元、200美元、150美元的獎勵。這個辦法無論在獎勵的判斷標準上,還是在報酬的支付形式上都清晰明瞭,很難引起爭論。因此,該公司的員工都以此作為目標,希望在月底時多拿幾百美元,從而大大提高了工作積極性。

2.建立制約機制,防止負面演變

上市公司一般對 CEO 等高管採取股權激勵措施,希望用一副「金手銬」將企業管理者的薪酬與企業經營業績聯繫在一起。但因為這種激勵方式的重心在於創造財富而不是分配財富,以至於部份 CEO 在金錢的誘惑下,把自己變成了一個只顧將自身能力「套現」的貪得無厭的小人,虛報利潤,財務造假,操縱股價⋯⋯行之有效的期權激勵制度最後轉化為經理人腐敗的溫床。2001 年美國「安然事件」使安然公司成為經理人控制企業種種弊端的象徵,隨後美國世通公司的假賬醜聞又暴露在光天化日之下,這些都與股票期權的過度激勵有關。

三、喚起羞恥心和責任心

　　與「重賞之下必有勇夫」對應的另外一句古話是：「棍棒底下出孝子」。管理者不僅要敢於獎、捨得獎，還要敢於罰、用力罰。美國哈佛大學克萊默教授的一項研究表明，很多員工喜歡給比較凶和比較嚴厲的管理者做事情。因為，與「好好先生」比較起來，嚴厲的管理者對團隊成員更有安全感。古羅馬軍隊有一句著名的格言，好的士兵害怕長官的程度應該遠遠超過害怕敵人的程度。巴頓將軍也曾說過這樣的話：「雖然在戰鬥訓練中我不能殺人，但是我會讓那些錯誤的人因我發怒而情願死去！」

　　松下幸之助對於違犯紀律制度的員工從不手軟，他認為員工身上最寶貴的莫過於他們的責任心和羞恥心。為了喚起員工的責任心和羞恥心，松下幸之助經常會在人前毫不客氣地用非常嚴厲的話來斥責員工，他認為一次讓人牢記一生的斥責勝過無數重覆的責備。有一次，時任松下通信工業總經理的小蒲秋定就因為赤字問題遭到了松下的嚴厲斥責，他說：「你是罪人！囊括了天下的人才，天下的資金，卻回報了赤字。你真是罪人！該被送進監獄。」小蒲秋定受到了他的刺激，奮發圖強，不久就扭虧為盈。

　　「棍棒」就像是觀音菩薩給孫悟空頭上戴的「緊箍咒」，它有可能扼殺人的個性，也有可能限制人的野性；它有可能限制人幹好事的能力，也有能夠限制人幹壞事的能力。人的心理特徵具有某種共通性：與沒有一個人不喜歡獎賞一樣，沒有一個人是喜歡受罰的。應該說，幾乎所有的人都怕被懲罰，更不用說是重罰了。軍隊裏重罰的意義已經不是對事件本身的處理了，而是對其他人

乃至全軍的告誡。在特殊的情況下，懲罰與平時甚至有很大的不同。例如說，在別的地方開小差，也就是一頓臭罵；在戰場的最前線，如果臨陣脫逃，可能就被就地正法了。重罰的結果不但要使當事人再也不敢犯這樣的錯誤，更要使其他人不敢效仿。

四、賞罰分明是獎懲決勝的基礎

「重賞之下必有勇夫」、「棍棒底下出孝子」，這兩句話從不同的側面說明了賞和罰對於讓員工遵守職業規則的意義。這兩句話講的都是事前預警——遵守規則能得到什麼好處，違反規則將得到什麼壞處。除了事前預警之外，還必須進行事後裁決——嚴格按照事前預警的內容，對破壞規則和遵守規則的人進行賞罰，即要做到「賞罰分明」。

孫子兵法開篇講道：「主孰有道？將孰有能？天地孰得？法令孰行？兵眾孰強？士卒孰練？賞罰孰明？吾以此知勝負矣。」其中著重提到賞罰分明是保障軍隊打勝仗的重要因素。如果賞罰不明，民眾必定不服氣，

所以「功、過」一定要給予適當的獎賞處分，賞罰分明，團隊的規則和制度就容易建立。

西洛斯・梅考克是美國國際農機商用公司的老闆。他對員工的管理是非常嚴格的，如果有人違反了公司的制度，他一定毫不猶豫地按章處罰。他也不吝嗇金錢，該獎勵的也毫不猶豫，還能體貼員工的疾苦，設身處地地為員工著想。

有一次，一位跟梅考克幹了 10 年的老員工違反了工作制度，酗酒鬧事、遲到早退，還因此跟工頭吵了一架。在公司規定的規

章制度中，這是不能容忍的事情，不管是誰違反了這一條，都會被堅決開除。當工廠的工頭把這位老員工鬧事的材料報上來後，梅考克遲疑了一下，但仍提筆批寫了「立即開除」4個字。

梅考克與這位老員工是患難之交，他本想下班後到這位老員工家去瞭解一下情況，不料這位老員工接到公司開除的決定後，立刻火冒三丈，找到梅考克，氣呼呼地說：「當年公司債務累累時，我與你患難與共，3個月不拿工資也毫無怨言，而今犯這點錯誤就把我開除，你真是一點情分也不講！」

聽完老員工的敘述，梅考克平靜地說：「你是老員工了，公司制度你不是不知道，應該帶頭遵守，再說，這不是你我兩個人的私事，我只能按照規矩辦事，不能有一點例外。」

接著，梅考克仔細詢問了老員工鬧事的原因，通過交談瞭解到，這位老員工的妻子最近去世了，留下兩個孩子，一個孩子跌斷了一條腿，住進了醫院，還有一個孩子因吃不到媽媽的奶水而餓得直哭。老員工在極度的痛苦中借酒消愁，結果誤了上班時間，還與工頭發生了衝突。

瞭解到事情真相後，梅考克為之震驚：「是我們不瞭解你的情況，對你關心不夠啊！」梅考克接著安慰老員工說，「現在你什麼都不用想，快點回家去，料理你夫人的後事並照顧好孩子。你不是把我當成你的朋友嗎，所以你放心，我不會讓你走上絕路的。」說著，從包裏掏出一遝鈔票塞到老員工手裏。

老員工被老闆的慷慨解囊感動得流下了熱淚，他哽咽著說：「我想不到你會這樣好。」梅考克囑咐老員工：「回去安心照顧家吧，不必擔心自己的工作。」

聽了老闆的話，老員工轉悲為喜，說：「你是想撤銷開除我的

命令嗎？」

「你希望我這樣做嗎？」梅考克親切地問。「不！我不希望你為我破壞公司的規矩。」「對，這才是我的好朋友，你放心地回去吧，我會適當安排的。」

在梅考克繼續執行將他開出的命令以維持公司紀律的同時，他將這位員工安排到自己的另一家牧場當了管家。梅考克這樣做，不僅解決了這位員工的困難，使他的生活有了保障，也因此贏得了公司其他員工的心。

要做到賞罰分明，必須注意以下三個方面。

1.有過必有罰

一個團體必須講究紀律，不能因個人感情有過不罰，如此很容易引起別人的反感。諸葛亮揮淚斬馬謖就是很好的先例。

2.有功必有賞

員工有功勞而不被獎，就會產生不服氣的心理，以後就不肯立功，甚至造成上下離心離德，難以領導。有功必賞，可以激勵工作態度，也能融洽上下關係，讓員工「鞠躬盡瘁，死而後已」。

3.賞與罰雙管齊下

員工取得成績，即時給予批評，不吝嗇表揚；員工犯了錯誤，給予指正，並先檢討自己是否教會了員工正確的工作方法。

案例 **對推薦人的獎勵**

　　人力資源管理中有一項重要的制度，它可以為企業持久提供多方面的人才，這個制度就是內部推薦制度。主管可以利用這個制度來衡量員工的工作是否合乎你的標準，從而對員工進行一定的獎勵。

　　衡量員工的標準其實非常簡單，那就是這名員工向企業推薦的人是否符合企業的用人要求，也就是說是否能夠被企業錄用。

　　員工推薦的人才要經過企業嚴格觀察的三個月試用期，這在國內的企業中是非常普遍的規定。經過三個月後，如果企業覺得被推薦人能夠勝任企業賦予的工作任務，那麼你一定要對推薦人進行獎勵，以表達你對他推薦工作的認可。當然，這種獎勵的具體方式可以是現金獎勵，也可以是被提升。總之，如果員工向企業提供了一個獲取人才的機會，企業也應該對這名員工施以回報，這是一種非常有效的鼓勵措施，可以持續滿足企業的人力資源的需求。

　　另外，三個月的試用期，競爭應該說是很激烈的，因為不一定只有一個人會被試用，而崗位有可能只有一個，優中選優帶來的結果必然是企業的員工素質的提高，有利於企業增強核心競爭力。這在一定程度上促使企業必須以獎勵推薦人的辦法促進這種企業人力資源的「新陳代謝」，越來越多的人才對於企業來說代表著明天發展的希望。

　　值得注意的是，這種獎勵措施還可以幫助企業節省不必要的開支，推薦制度可以使企業避免因為外出招聘而產生高昂的費用

支出，做到節約資本，降低用人成本。

【專業指導】

- 和你的部下開會討論，是否應該建立或者完善一套內部推薦制度，然後制定獎勵標準。

- 當有員工向企業推薦人才時，你要報以熱情的招待，並細心聽取員工的介紹，然後給被推薦人安排一個適合展示自己優點的崗位，讓被推薦人能夠儘量發揮自己的長處。

- 當被推薦的人經過企業錄用，你可以隨即把那名推薦員工請到辦公室中，對其表示感謝，然後把裝有獎金的信封交給員工，你還可以獎勵那名員工兩天的假期或者在其向企業連續推薦多名人才後給予更高的職位以示鼓勵。

- 公司必須警惕任人唯親的現象發生，被推薦人能否被錄用，不止要聽推薦人的一面之詞，而是要經過你細心的觀察和考驗。如果被錄取人並不符合企業的要求，那麼，你獎勵推薦員工的做法無疑是在助長不良的習氣，不利於企業健康的發展。

心得欄 _____

_____

_____

_____

_____

_____

第 *3* 章

有效聽取員工意見

　　一個人的智慧就像一滴水，而眾人的智慧則是大海。將一滴水曝於烈日之下，水將乾；而將這一滴水匯入大海，那它不僅不會乾，還能興風作浪。企業管理也是如此。眾人的智慧就像大海，通過恰當途徑合理運用就能發揮眾智威力，減少決策失誤。最重要的，是能使員工積極性的激發。

第一節　要讓員工暢所欲言

　　員工的意見多而雜，很多是從自身利益出發，可揀符合公司整體利益的意見，並採納它。但在對待員工意見的態度上，必須給予高度的重視，這樣才能激發員工進言的積極性，讓他們暢所欲言，畢竟，他們處在工作的第一線，很多時候，他們才是問題的發現者。

公司管理者應當使普通員工樹立這樣的態度，即：員工們有一種責任感並且對相互之間的問題和目標有所瞭解；員工們能感到他們有機會接觸高級管理人員，而任何人都不會遠離指揮人員，以致不知道企業在向何處發展。

IBM 公司管理部門的層次增多，從五層、六層一直增加到七層，這已成為巨大的挑戰。小沃森不斷地尋找方法保持他所稱為的「小公司態度」。小沃森瞭解到的令人吃驚的情況之一是，為了解決變革問題，決策層必須加強 IBM 內部的溝通，步伐要大，速度要快。IBM 的決策層當即行動起來，利用各種管道聽取普通員工的意見，其中包括實地調查、設建議箱，甚至舉辦解答問題活動——被稱為「暢所欲言」的活動。這些活動以不記名的形式進行，以防止高級管理人員知道提意見者的身份及姓名而予以報復。

為了縮短推銷人員或工廠工人同高級管理人員之間的距離，IBM 採取了最通常的做法——「敞開大門」。這是老沃森在 20 年代初採取的交流措施。這主要是一種伸張正義的做法。小沃森利用「敞開大門」措施，用以衡量 IBM 的健康狀況。小沃森認為，這是用其他辦法無法辦到的事情。有意見的 IBM 員工最初可以向他們的直接主管訴說苦衷，但是如果得不到解決，他們有權直接找到小沃森。其實，每 10 個這樣的案件有 9 個本來應在下級加以解決，或者級別較低的管理人員已經為之作出了正確的決定，不過，小沃森還是認真聽取員工們的意見。由於小沃森從小就在 IBM 的氣氛中薰陶，他對工人的問題瞭解得很多，而且對 IBM 存在的問題深有感受，以致他每次聽到員工們的申訴，都能敏銳地發現「這裏面的確有問題，要跟蹤追逐加以解決！」

每個公司都想建立起樂於服務、全心投入工作的風氣。那麼，

應該注意那些事項呢？也許各人有各人的想法，但重點之一，則在於上司要樂於接受部屬的建議。當部屬提出某些建議時，應該欣然地表示：「沒想到你會想到這種事。你很認真，真不錯。」以開明的作風接納意見，部屬才會提出建議。

當然，你要站在上司的立場，從各方面考慮建議該不該採用。有時，雖然他們熱心提供了許多建議，但實際上，有些建議並不便被立刻採用。在這時候，也應該接受他的熱誠，誠懇地告訴他：「以目前的情形，這恐怕不是適當的時機。請你再考慮一下。」一個公司或企業，有著包容建議的風氣，是很重要的事。

如果一再地拒絕部屬所提的建議，會使他們覺得「上司根本不重視建議，以後不再做這種吃力不討好的事了」。結果，只是死板地做自己分內的工作，沒有進步，也沒有發展可言了，這是很值得檢討的現象。相反，上司應鼓勵員工提出建議，確實做到積極地徵求意見。「提出建議，不但對公司很有幫助，且能增加工作的樂趣。請你好好地想，有沒有什麼好的建議。」這樣不斷提醒部屬，才是真正重要的事。

因為上司能聽取部屬的意見，重視部屬的意見，他的部屬就定會自動自發地去思考問題，而這也正是使人成長的要素。試想：身為部屬，如果經常覺得自己的意見受上司重視，他的心情當然高興，而且會產生無比的信心，於是不斷湧現新構想、新觀念，提出新建議。當然，他的知識也會愈來愈寬廣，思考愈來愈精闢，逐漸成熟，變成一個睿智的經營者。

反過來說，部屬的意見經常不被上司採納，他會自覺沒趣，終於對自己失去信心。加上不斷地遭受挫折打擊，當然也懶得動腦筋，或下苦功去研究分內的工作了。整個人變得附和因循，而

效率也愈來愈低。

經營者若想培養人才，就必須製造一個能接受部屬意見的環境和氣氛，對於部屬的意見，不只是消極地溝通安撫，更要積極地採用推行，這樣，才能集思廣益，爭取成功。我們必須承認，一個人的智慧，絕對比不上群眾的智慧，所以上司積極聽取部屬的意見，才能得到共同的成長和較高的工作成效。

不論如何，人總是喜歡在自主自由的環境中做事，唯有如此，創意和靈感才能層出不窮，工作效率才會提高，個人成長的速度也會加快。因此，上司站在培養人才的目標上，必須設法營造一個尊重部屬的環境，而且儘量採用他們的意見，以協商的手段來推動工作，自然能上下一致，相互信任。一方面能促使部屬成長，另一方面，也能使事業突飛猛進。

把員工的意見放在建設性的高度，從中加以甄別、挑選，最終助長的還是企業的發展。

🔊))) 第二節　鼓勵員工參與公司管理

要眾智思考，就要邀請員工參與公司管理。員工在這種鼓勵下，會以企業為家，真誠地為企業出謀劃策。正確的決策就是在有不同意見的情況下做出的，公司成員各人的能力雖然各異，但都各有所長。要發揮組織中每一個人的作用，就要在做決策時鼓勵人們參與到決策中來，發現並利用組織成員的特長，集合每一位成員的力量，最終做出正確而有效的決策。

　　「群策群力」的想法是通用電氣公司總裁傑克‧韋爾奇 1988 年在一架直升飛機上產生的。1989 年 1 月，在佛羅里達舉行一年一度的碰頭會時，韋爾奇向到會的 500 名高級經理宣佈了這一計劃，即實行「群策群力」的管理方式，聘請高級顧問和商學院的教授協助實施，而且強制執行。

　　「群策群力」這一管理方式的基本含義是，舉行各階層職員參加的討論會，在會上，與會者做三件事：動腦筋想辦法；取消各自崗位上多餘的環節或程序；共同做出決策，解決出現的問題。先期的群策群力討論會主要是建立信任，最基本的模式是大家七嘴八舌發表意見。後來逐漸上升為一種理念。這種管理方式始於 1989 年 3 月，一時間，像爆米花一樣在通用電氣的許多部門得到貫徹。討論會都遵循同一模式，員工們稱之為「城鎮會議」。由執行部門從不同階層、不同崗位抽出 40～100 人到會議中心或某一賓館，會議為期 3 天，先由上司簡要提出議程安排，主要內容有減少不必要的會議、形式、請示等其他表面工作，然後上司離開。在一名外聘助手的協助下，與會者分成五六個小組，分別解決某個議題。小組討論進行一天半，列舉弊端，討論解決方案，為第三天的議程草擬報告。

　　會議的第三天尤為重要，它賦予「群策群力」這一管理模式以特殊的生命力。對議題一無所知的上司回到會場，在前排就坐，而且常有資深的頭面人物來旁聽。小組代言人逐一彙報，提出小組的建議和主張。按規定，這位上司可做出三種答覆：一，當場拍板；二，否決；三，要求提供更多的情況但須在固定日期內答覆該小組。

　　最能體現群策群力巨大作用的例子是「博克牌」洗衣機的誕

生。在通用電氣的家電部有一個專門生產洗衣機的工廠。從 1956 年建廠之後的 30 多年間，管理得非常不好，生產出來的老式產品賣不出去，1992 年損失了 4700 萬美元，1993 年上半年又損失了 400 萬美元。1993 年秋，公司決定賣掉這家企業。這時候，一個名叫博克的公司副總裁站了出來說:「這麼多員工怎麼辦？請給我這個機會，我一定會想辦法使公司轉危為安。」博克先生首先召集了 20 個人，採用群策群力的方法，用 20 天時間向總部提交了一份改革報告。傑克‧韋爾奇支援這個建議，馬上批給 7000 萬美元對企業進行技術改造。

「群策群力」討論會不僅帶來了明顯的經濟效益，而且能讓員工廣泛參與決策，感受運用權力的滋味，從而大大提高了員工的工作熱情。

1987 年，通用電氣公司製造一台燃燒室噴氣發動機上的關鍵部件需要 30 週，通過開展「群策群力」活動，1991 年初，這一產品生產週期縮短到 8 週，如今只需 4 週。負責制造加工燃燒室的員工們還商討 10 天內完成任務的可能性。

「群策群力」討論會已成為通用電氣公司一種日常性的活動，隨時都可以根據需要舉行，參與人員也從員工擴大到顧客、用戶和供應商。

「群策群力」活動把本來毫不相干的人們聚集到了一起，包括計時員工、白領階層、經理，甚至工會領袖們。他們平時在工作中很少有機會接觸，現在卻可以在這種活動中相互交談並相互信任。這些會場很快就變成了打靶場，靶子就是令人厭惡的各種官僚主義的具體表現形式——一項小小的申請需要 10 個人簽字、毫無意義的案頭工作、多餘的工作慣例以及盲目自大。這些東西

絕大部份當場就被廢除或改良，而不是再「研究研究」。

在這種工作經歷中，人們看到公司的言行一致，他們的信任感在這個過程中不斷增長，智慧的火花不斷迸發，過去只被要求貢獻時間和雙手的人們現在感到他們的頭腦和觀點也開始備受重視了。在聽取他們想法的過程中，每個人都更加清楚地認識到，越是接近於具體工作的人就越是看得透徹。

正是這種「群策群力」活動，推動著公司的高層領導者更多地去放權，更多地去行動，更多地去聽取意見。他們必須信任別人，也必須被別人所信任。領導層確實有做出最終決策的責任，但同時還擁有同樣的責任來使人相信，特別是使提出建議的人相信這些決策是合乎理性的。領導層所做出的決策應該為部下所理解，並具有強大的感召力。雖然這並不十分容易，但卻是通用電氣公司在 20 世紀 90 年代所致力推崇的。

📢)) 第三節　「建議箱」集眾智法

企業管理者可以通過「建議箱」收集眾人的智慧。因為每個人都有潛在的才智，如何激發他們，才是管理者要做的事。通過「建議箱」讓員工提建議不失為一個好點子。

1951 年，時任豐田汽車公司總經理的豐田英二在豐田公司實施了「動腦筋創新」建議制度，大大激發了員工的熱情。

他們的做法是首先建立了「動腦筋創新委員會」，制訂了具體規章。建議的範圍包括機械儀器的發明改進、作業程序的新方法、

材料消耗的節減等。工廠到處都設有建議箱。各部門也分別設立了建議委員會、事務局，把提建議的方針貫徹到工廠的各個基層。各工廠組成了「動腦筋創新」小組，設有建議商談室，要求組長對提建議的人要有計劃地給予協助。提建議的人，就自己的建議，可以和上司商談。通過提建議，能夠聽到生產現場的意見，也能瞭解到員工掌握技術能力的程度。由於這樣不斷地反覆，個人和小組都被發動起來了。該制度的建立，既提高了員工的思考能力，也增加了員工間的團結，同時加強了上下級之間的聯繫。員工們利用這個制度，找到了創新的樂趣，充分發揮自己的能力，特別是看到自己的提議得到承認而感到滿足。該制度的審查標準分為有形效果、無形效果、利用的程度、獨創性、構想性、努力的程度、職務減分(專屬業務的減分)7個項目，每個項目以5～20分的評分等級來評定分數，滿分為100分。當然，從品質方面來說，分數沒有上限。獎金最高的為20萬日元，最低為500日元。對於特別優秀的建議要向科學技術廳上報，每月的建議件數按工廠分別發表。同時，還按各工廠、工廠、全廠等單位，舉辦大小不同規模的展覽會，在展覽大會上，企業最高層出席並進行評議。

「動腦筋創新」建議制度實施的第一年，共徵集了建議 183件，到了 1955 年，則達到 1000 件，到了 1970 年，達到了 5 萬件。根據齋藤尚一的建議，徵集了對全公司有代表性的口號：「好產品好主意」。從 1954 年起，就把這條口號在全工廠用揭示牌方式懸掛起來。職工參與意識的增強，促進了企業的發展。

美國通用電器公司於 1989 年就開始了一個名為「開動大家的腦筋」的活動。他們最初的做法是，100 名由各個部門推選出來的代表分成若干小組，各自提出本部門的意見和要求，並發表自

己的看法，公司高層經理在現場聽取每個小組的彙報。根據規則要求，這些高層經理對小組提出的要求只能回答「YES」或「NO」，而不得用「研究研究」、「以後再說」之類的話推諉或搪塞。結果，許多平時難以解決的問題都在會上順利解決或得到滿意的答覆。這項活動給企業帶來了明顯的效益。例如，在通用公司飛機發動機修理廠的一次會議上，各小組共提出建議 108 條，這些建議除了針對生產本身外，還談到了設計廠標和在廠裏建小賣部等問題。員工的建議被採納後，當年就為企業節省了 20 萬美元。不僅如此，還增強了員工的參與感和主人意識，從而激發了他們的積極性。總裁約翰認為，公司擁有 29.8 萬名員工，激發了他們的積極性，就能為公司帶來更多的利潤。

在韓國，大部份企業都設有「建議箱」。如韓國的五大財團在企業內設立的「建議箱」都各有特色。現代財團所屬的各公司規定每人每年要提出 2～6 條建議，各部處每月要舉行一次建議發表會，經專門審查委員會審查後分為 10 等，一經採用即給予 3000 元至 50 萬元(韓元)的獎勵。樂喜金星財團每年按月、季、年頒發「樂喜建議大獎」、「最多建議獎」、「最優秀建議獎」以及「建議最多部處獎」等，平均每個員工每月提一條建議，從計劃到售後服務應有盡有。三星財團從 1981 年就開始實行建議表彰制度，設金獎 200 萬元、銀獎 100 萬元、銅獎 50 萬元。大宇財團不僅設立了小「建議箱」，而且還建立了「電話建議制度」，讓員工們把一閃念中出現的想法立即通過電話提出來，並安排專職人員接電話、作記錄。對員工們提出的建議設金、銀、銅、鼓勵獎。鮮京財團也承諾，如果一個人或幾個人提出的建議被採納，公司將提供資金，由提建議者去獨立經營，使建議變成現實。「建議箱」在

發掘員工們的聰明才智方面收到了很好的效果。

在日本，下班後做的「非正式討論會」就是一種有效的激發員工智慧的辦法。在日本的企業裏，一般實行的是 5 天工作制，即每週上 5 天班，每天工作 7～8 小時。由於時間充裕，不少企業都有一個「非正式討論會」。每天下班後，每個員工都自願參加「非正式討論會」。「非正式討論會」一般由工廠裏的工頭、公司裏的課長等初級的管理人員主持，大家在一起一邊喝酒，一邊談論當天的工作。討論會上只要有一個人發表他在今天工作中發現了什麼新問題，常常就會引起大家的討論，一個話題接一個話題，很多好的建議就是在這樣的討論會上提出來的，這對指導第二天的工作，提高工作效率，起到了很重要的作用。

「非正式討論會」在日本目前已形成了一種風氣，即便是討論會開不成，員工們寧可集體到酒館去喝酒聊天，也不願意直接回家，因為回家太早，會被太太或鄰居誤認為不受公司重視。

 案例　**安排一個午睡的地方**

每個人的生物鐘是有規律的，這種規律帶有一定的共同點。例如每個人經歷了一上午緊張而忙碌的工作後，中午往往就會感到困倦，進而會影響到下午的工作情緒，其實這一點經理人，特別是年紀稍大一點的經理人更有體會。

美國太空總署的科學家有研究發現，24 分鐘的午睡，能夠有效地改善駕駛員的注意力與表現。《活力睡眠》一書的作者馬恩指出，午睡能幫助人集中注意力，並做出正確的決定。

　　研究也顯示，需不需睡午覺的確有個別差異，不是每一個人都有強烈的午睡要求。如果你的生理反應傾向小憩片刻，那麼就讓自己休息一下，而不是一味壓抑自己的困意而在下午昏沉幾個小時。

　　經理人長期從事的主要是腦力勞動，同樣，許多辦公室的員工也是這樣，還有一些員工從事的是體力勞動，經過幾個小時的連續工作身體更容易疲乏。所以，每到中午午休時間，員工們比經理人更渴望獲得小憩的機會。可是，問題的關鍵在於許多企業並沒有給員工提供一個可供睡午覺的地方，員工們只能強忍著疲倦繼續著下午的工作，這無疑會對工作效率產生一定影響。

　　獎勵員工更應該考慮到員工的實際需求，而不僅僅是在形式上的。所以，不妨給員工提供一個可以午睡的地方，讓他們在適當的休息後更好地工作。

【專業指導】

- 在企業的辦公場所中清理出一間或者幾間作為獎勵，讓那些工作出色的員工們可以在午休時間休息、小憩。
- 在企業或工廠的空地上蓋一座專門用以員工午休的宿舍，並讓工作出色的員工到裏面午休。
- 由於場地有限，也可以採取按月輪流的方式獎勵員工，每月末做一次評選，在上個月工作出色的員工將獲得一個月的午休場所。
- 在午休間裏購置一些舒適的床鋪，並告訴員工：「你工作的很出色，中午睡一覺休息休息吧。」

案例 員工食譜

企業食堂是每天員工們用餐的大本營，食堂的飯菜既關係到員工的健康關係到員工的心情，進而影響到工作的順利進行。

解決這個問題的方法之一就是把員工喜歡的飯菜加進食堂的食譜中。這既是企業對員工的一種關懷，也是主管對員工們的一種獎勵。

你的員工有可能來自全國各地，各自的飲食習慣和文化都不盡相同，如果企業食堂不顧及員工的感受，就會導致食堂的飯菜很難受到員工的歡迎，甚至出現抵制情緒，這種情況不利於企業的人力資源管理工作，也不利於企業和諧文化的營建。其實，你只需要問員工一個問題，這個不利局面就會改變。這個問題就是「你喜歡吃什麼？」或者說「你喜歡吃什麼食堂都能給你做。」這聽起來視乎在開玩笑，但是企業要做到這一點其實並不難。

你只需讓員工在一張紙上寫上自己喜歡的菜肴名稱，然後收上來進行匯總，大致列出二十幾道員工們喜歡吃的菜，編排順序，依次實施。這樣，每一名員工都能夠在一段時間內吃到自己想吃的菜。

人性化管理中缺少不了食堂管理部份，更缺少不了員工的支援。所以，主管可以利用食堂這個尚未完善的部門來親近員工，使他們感受到企業的溫暖。

【專業指導】

· 讓員工吃好是讓員工幹好的前提，所以一定不要忽視關係到員工用餐品質的問題。這一問題還關係到企業成員間的

凝聚力。

- 每個月向每名員工發一張小卡片，讓員工把喜歡吃的菜寫到上面，而且最多不能超過 3 個。然後把卡片收集上來，請食堂工作人員將卡片進行匯總，最後列出員工喜歡吃的 30 道菜名。
- 與食堂工作人員溝通，把這 30 道菜分門別類地進行搭配，列出一份可行性食譜，然後公佈出去，讓員工感受到關注。
- 食譜中飯菜烹飪必須依照已排定的順序烹飪，供員工食用。
- 爭取每個月都讓員工有一次自己定菜的權利，而且你要經常去食堂同員工一道進餐，瞭解員工意見，對食堂工作進行改進。

🔊 第四節　集合眾人智慧，做正確決策

充分考慮眾智後的決策，是慎重的決策，相對於獨斷專行的決策，更是正確的決策。企業管理中，經理人是人而非神，任憑修煉得再好，也會有盲點存在，所以經理人必須虛心聽取下屬的意見，尊重他們的發言，根據具體情況，制定相應措施，採取眾智思考獨裁行動的模式進行決策。以下是眾智思考的一些建議：

1.更多參與

人人參與並不是從相鄰的隔間或辦公室裏那個人開始的，它就從你開始。告訴你的上司，你願意幫助他達到他的目標，問問他你能做些什麼。

2. 保證讓每個人都覺得可以自由表達意見

為了吸納每一個人的智慧，必須讓團隊裏的所有成員都感覺到，可以很舒服地大聲講出自己的見解。

3. 建議召開一個非正式的集思廣益會議

有些人害怕正式會議，建議大家一起吃一頓自帶飯菜的午餐，告訴他們來的時候至少準備一個改進企業工作方式的構想。

 案例 設立一塊意見欄

長時間在一個集體環境下工作，不可能每個人都順心順意。當員工長時間在工作崗位上忙碌就會產生一定的壓力，同樣也會產生一些不如意的想法和對他人的意見。有時這種想法和建議是針對個人，但更多的時候是針對企業。

如果想瞭解員工，不妨為他們設立一個用以宣洩不滿的意見欄，讓他們把自己的想法寫在上面，管理者也好根據民意修改存在的不足。

很多企業都有宣傳欄，卻很少設有一個供員工發表意見的意見欄，這是個普遍的現象，但這並不是一個好現象。當員工把這種意見積累轉化為負面情緒的時候，就很容易影響正常工作，更不利於管理者與員工之間的溝通，進而影響管理工作的正常進行。

要考慮員工的意見和要求，使員工能夠及時獲知企業管理層的決策思路，保持一個積極的工作心態。所以設立一個意見欄，讓員工把自己的意見和想法都寫到意見欄上供管理層參考，這樣員工可以獲得很大的滿足感，如果獲得領導的意見回覆無疑是獲得了管理者的認可和尊重。

　　當然，設立意見欄以後，必須經常仔細閱讀意見欄上員工們的想法和不滿，然後根據實際情況進行回覆，並把回覆的內容貼到意見欄上。這樣做不但認可了員工，也是對提出意見者的一種尊重，更可以改正自身管理上的不足，向員工樹立開明的領導形象，無疑有利於公司的管理層樹立威信。

【專業指導】

- 給員工一個發表意見的地方，也就是獎勵員工能夠獲得尊重的地方。當然，如果只設立意見欄而對意見視而不見，那麼這種獎勵辦法毫無意義，只能襯托出管理層的傲慢與無能。
- 找一個設計人員專門為公司「量身」設計一塊別具樣式的意見欄，這樣做的目的是表明對員工發表意見的重視。
- 意見欄的擺放位置一定要突出，最好是擺在剛進公司大門的地方，以便於員工觀看和發表意見。
- 對提出有益意見的員工一定要給予獎勵，與其合照後貼到意見欄中以示鼓勵。
- 發表意見的員工可以是署名發表也可以是不署名發表，但主管一定要給予回覆並且把回覆的內容公佈出來，最好把意見欄的分成幾個方塊，以便於有條理地粘貼意見和回覆內容。
- 派專人定期整理意見欄，做到意見欄上乾淨整潔。

第五節　要走動管理聽取員工意見

　　公司主管實行走動管理，與員工面對面，有利於隨時聽取員工意見。惠普公司總裁兼 CEO 費奧莉娜就是這方面的典範。

　　費奧莉娜走動式管理具有三個特徵，即經理經常在自己的部門中走動；員工在公司中的橫向聯絡；舉辦茶話會、交流午餐及交談。

　　1.經理經常在自己的部門中走動，或者能夠出現在隨意的討論中。

　　費奧莉娜要求管理者們要經常性地巡視部門中的情況，多在部門中走動，以瞭解每位員工的工作方式，以及隨時掌握工作進度等。或者管理者能夠出現在隨意的討論中，這並不是要經理們打擾討論或打斷這種隨意而起的討論，而是需要管理者能夠融入這些討論中，不會有人認為經理在而不參與討論或不能融入討論的氣氛之中，從而發掘每一位員工的真實想法，包括他對公司現狀的看法、對公司未來走向的預測、人力資源運用是否妥當、自己的上司或任何一位管理者明顯不稱職、對公司及各個部門管理方式和經營策略運用的各種意見等。

　　多瞭解員工尤其是自己下屬的看法，並把它們有機地結合起來，總體分析當前面臨的問題和需要解決和改進的地方，以利於公司及各個部門不斷自我完善及改革。

　　員工的意見或許片面，或許短淺，但卻是來自公司內部的第

一手資料，所謂「春江水暖鴨先知」，員工才是任何管理模式和經營策略的直接執行者，只有他們才對某一項決議最有發言權。

2.員工在公司中的橫向聯絡。

員工在一個公司中同級之間互相交流，是形成公司內部良好工作風氣的很好途徑。一個公司具有相同或相似職能的部門往往不止一個，而這些部門之間總會產生一些問題，鼓勵各部門員工之間增進交流，既可以互相交流成功經驗，又可以避免不良競爭。即使無關的部門之間員工橫向聯絡，也可以增強企業內部凝聚力。通過交流各自的工作感受，員工們可以對公司管理方式和經營策略有更加準確的把握，從而促進共同發展。

3.舉辦茶話會、交流午餐及辦公室走道裏的交談。

這些在閒暇之餘舉行的討論更能讓人們放鬆，啟發員工們的智慧，也更容易出現一些奇思妙想。在這些地方所交流的內容往往包羅萬象、五花八門，更容易發現一些員工平時未顯露的才能，例如對各種細節的研究和個人道德品行的表現，更能體現員工的個人特點。同時，管理者與員工們在輕鬆愉快的氣氛裏交談甚至爭論，都會在友好的氣氛下進行。而且由於管理者對員工們意見的尊重，這種方式還能夠增強員工的企業自豪感和責任心。

通過這種走動式的管理，惠普公司內部形成了良好的工作氣氛。卡莉‧費奧莉娜根據員工們的意見，隨時調整政策，將惠普上下有機地融為一體，使公司不斷地發展壯大。

案例 為孩子請保姆

　　對於家裏有小孩且夫妻雙方都是你企業的員工來說，如果工作非常繁忙，家中又無老人幫忙，那麼孩子就成了他們的負擔。如果這樣的員工在平時的工作中表現非常出色，公司就應該想辦法解決他們這樣的後顧之憂，以表示對他們工作的感謝。為員工請保姆是非常實用的辦法。

　　如果企業裏這樣的員工很多，可以考慮為這些員工的子女共同聘請一個保姆來照顧他們的日常生活，不但達到了獎勵員工的目的，而且可以有效地利用人力資源。

　　一家工廠為員工聘請「公共保姆」，在一樓的公共活動室，七八個小孩子正在玩耍，最大的 13 歲，最小的僅 1 歲多，他們有的看書寫字，有的玩玩具，還有一個最小的，則躺在一個年輕女子的懷中。這名女子是今年特意請來的「保姆」。

　　聘請「公共保姆」對於這家工廠意義重大，其負責人說了這樣耐人尋味的話：「在漲了幾次工資之後，公司發現員工的流失現象依然存在。公司裏已婚員工佔多數，有後顧之憂成了員工離職的主要原因。」所以，當企業為員工解決了孩子的問題後，員工感受到了企業對自己的關心和幫助，於是都把精力投入到工作中，避免了人才流失。

【專業指導】

　　· 沒有父母不為自己還在襁褓中的孩子憂心掛念的，正是因為看到了這種憂心和精力的分散對員工、對企業產生的不利影響，才更應該及時地採取為孩子請保姆這樣的獎勵辦

法，不但表達了對員工的認同，而且對於企業來說，這無疑是一種明智的舉措。

- 調查企業裏有多少夫妻員工，又有多少夫妻員工的子女還處於「嬰幼齡」階段。統計出一份名單，然後制定計劃。

- 上網查一下本地區家政服務公司，查找到有保姆服務機構，然後派人去瞭解公司的信譽是否可以合作。

- 要記住，「孩子的事永遠是大事」，如果對家政公司的工作人員不是很放心，那麼就從企業當中挑選出人品突出的女員工們擔任這個「公共保姆」，並予以加薪獎勵。

- 公司要為這些孩子專門開闢一個獨立的「居所」以便統一照看。而且主管要始終關心這些孩子的情況，時常向員工徵詢回饋意見。這樣員工更能感受到你的重視。

案例　找員工談談心

在大多數企業中，存在著一種現象，那就是經理人很少與員工進行溝通，這種現象造成了管理者與被管理者之間一種機械式管理關係的產生，在一定程度上發展成為桎梏著企業發展的一種弊病。

有管理學家曾說過，溝通是一種增進人們之間相互瞭解的有效途徑，更是增加企業人力資源管理魅力的發酵劑。溝通之所以在人力資源管理中起著非常重要的作用，原因就在於管理者能夠通過溝通去瞭解平常不能瞭解的一切。

其實，每個人都需要關懷，員工也是一樣。這並不代表你與

員工之間一定要產生幫助與被幫助的關係，但是相互之間的交流確實能夠達到關懷對方的目的。

事實就是這樣，當你和員工面對面坐在一起談心的時候，你們之間的隔膜自然變得越來越薄，而管理工作由此刻開始也會變得輕鬆許多。

所以，主管不妨把找員工談談心作為一種獎勵方法，這樣不但可以使員工感到企業給予的關懷與溫暖，還可以增進管理者對員工的瞭解，便於在日後的管理工作中依據實際情況靈活實施管理措施。

「家長里短，油鹽醬醋」都可以作為你與員工之間增進感情的交談內容之一，而企業的發展，對工作的建議自然也可以成為談論的話題，只要你想，可以對員工說你的一切，同樣，員工也會對你無所不談。

這時，你與員工的關係就不再是簡單的管理者與被管理者的關係了，而是相互尊重的朋友，你要知道，當一個朋友讓另一個朋友去做什麼時，他是不會拒絕的。

【專業指導】

- 向對方坦承自己的事情不但會使別人瞭解你，更可以使別人尊重你、支持你。當員工向你說出心裏話的時候，無疑得到了心理上的放鬆和慰藉，而當你說出心裏話時，員工自然也就得到了應得的獎勵。

- 辦公室並不是談心的最佳場所，因為辦公室的氣氛都是比較嚴肅的，所以，主管不妨把員工叫到食堂或者到外面邊散步邊談。

- 交談的內容應以輕鬆地話題為主，儘量不要過多涉及到企

業與工作方面，因為這樣會使員工感到厭煩。

• 交談時應多關心員工的生活情況，並且詢問員工有什麼困難。

• 不要只談員工不談自己，否則會使員工認為你很做作，談談自己情況會使員工感覺到你很真誠。

• 談心固然是種交流和獎勵員工的方式，但是找異性員工談心一定要慎重，最好要有其他部下在場時才合適。

心得欄 -

- -

- -

- -

- -

- -

第 *4* 章

酬薪加獎金是最直接的激勵法

　　員工工作，薪酬是最直接的，也是最實實在在的激勵。企業管理者要明瞭薪酬設計原則、技巧、策略，最大程度地激勵員工。有個小故事說，如何使毛驢過馬路呢？用鞭子抽、打，毛驢只會更倔強，止步甚至後退，而如果在它面前放一團草，它會不由自主地跟著，輕輕鬆鬆地越過馬路。

◀))) 第一節　合理金錢獎勵，激發員工潛力

　　設定合理的獎勵標準，對員工的激勵也是功不可沒的。激勵最忌諱墨守陳規。優秀的管理者應從實踐中制定出合理的獎勵標準，發揮員工的潛力，激發員工的積極性。

　　一次，台塑總裁王永慶到明志工專，看到三個人在鋪草皮，他們停停做做，十分懈怠。問其原因，他們說工資太低，一天只

有 60 元，還不夠維持生計。王永慶說，假如給你們加一倍工資，能否鋪更多的草皮？三個人立即答應，說那樣他們可以做三倍的工作，而結果竟做了原來三倍半的工作。

王永慶想，若每人每天鋪一坪，付 60 元錢，而後來工作成果是原來的 3.5 倍，生產出 210 元的價值，付工資 120 元，雙方各有所獲，何樂而不為呢？

台塑總管理處理選定幾個事業單位試行績效獎金制度。幾個月後，每個試點單位產量倍增，人的智力得到了充分有效的發揮。

為了鼓勵員工的積極參加，台塑還實行了提案制度，制定了「改善提案管理辦法」。其中第六條規定：改善提案若有效益，可依「改善提案審查小組」核算的預期改善月效益的 1%計獎，獎金從新台幣 100 元到 2 萬元不等。成果獎的核定，則以改善後三個月的平均淨效益的 5%計獎。

獎金之外，還有行政獎勵，以及在台塑企業雜誌上通報表揚等精神獎勵。

管理要追求點點滴滴的合理化，而績效獎金制度顯然是推動合理化最有效的催化劑。台塑通過推行績效獎金制度，將公司最重要的資源──人力，發揮到了最大的效用。

王永慶認為，事是人做出來的，事要做到合理化，首先人要合理化；所謂人要合理化，就是塑造一個合理而且能夠使員工有效發揮潛能的工作環境，這種環境就是促使人有切身感的環境。坦白講，在現狀之下，由於管理合理化程度相當有限，績效的考核普遍都很不精確。所以，工作多做一點並沒有什麼獎勵，少做一點也差不多。在這種環境下，員工潛力的一半都發揮不出來。但是如果工作環境會造成切身感，潛力至少可以發揮到九成以上。

南亞公司國外部 1983 年的月平均營業額是 2.53 億元，費用成本為 169 萬元，約等於營業額的 0.67%。為了使工作人員提高效率，並有效拓展外銷市場，台塑將國外部設定為一個成本中心，並把 1983 年的營業額與費用成本比率設為標準，凡是營業額增加或費用節省，或兩者兼而有之，其因此所產生的利潤，將提出三成供其國外部人員分享。

自實施這一制度之後，效果很快就顯出來了。以 1984 年 8 月的情形為例，營業額為 3.23 億元，按 0.67%的比率計算，其標準費用成本應為 216 萬元，而實際用了 140 萬元，差額為 76 萬元，其中的三成即 13 萬元，由南亞國外部工作人員分享。

王永慶說：「管理必須訂出明確的標準，以促使工作人員瞭解所追求的目標。但這還不夠，還必須再進而設計出能使工作人員產生切身感的措施，使工作人員績效與本身利害息息相關，工作人員自然就會主動努力，朝向明確的目標邁進。」

台塑在設定績效獎金制度的同時，還採取了改善管理、更新設備等配套措施，使員工覺得勁兒有處使。同時，為避免少數人的懈怠行為影響單位的整體效益，又特別設立了團體基金。凡是懈怠者，其績效獎金要扣除一部份充做該單位的公共基金，以示公平。

由於自上而下地貫徹一種公平獎勵、能者多勞、多勞多得的精神，台塑公司人盡其能，物盡其用，最大限度地創造了高效益。

第二節　有激勵性的薪酬設計原則

薪酬設計的好壞與員工的激勵休戚相關，科學合理的薪酬設計能更好地留住員工，激勵員工；而糟糕的薪酬設計只會使員工更消極、更懶惰。想設計出科學合理的薪酬，薪酬設計的原則是一定要掌握的。

一、公平原則

薪酬制度公平原則包括內在公平和外在公平兩方面含義：

1.內在公平

內在公平是指企業內部員工的一種心理感受，企業的薪酬制度制定以後，首先要讓企業內部員工對其表示認可，讓他們覺得與企業內部其他員工相比，薪酬是公平的。為了做到這一點，薪酬管理者必須經常瞭解員工對公司薪酬體系的意見，採用一種透明、競爭、公平的薪酬體系，這對於激發員工的積極性具有重要的作用。

2.外在公平

外在公平是企業在人才市場加強競爭力的需要，它是指與同行業內其他企業特別是帶有競爭性質的企業相比，企業所提供的薪酬是具有競爭力的。只有這樣才能保證在人才市場上招聘到優秀的人才，也才能留住現有的優秀員工。為了達到外部公平，管

理者往往要進行各種形式的薪酬調查。國外的管理者比較注重正式的薪酬調查，國內管理者比較習慣於通過與同行業內其他企業管理者的交流，或者通過公共就業機構獲取薪酬資料，這種非正式的薪酬調查方式成本低廉，但信息準確度較低，從而影響企業的薪酬決策。

二、競爭原則

根據調查，高薪對於優秀人才具有不可替代的吸引力，因此企業在人才市場上提出較高的薪酬水準，無疑會增加企業對人才的吸引力。但是企業的薪酬標準在市場上應處於一個什麼位置，要視該企業的財力、所需人才的可獲得性等具體條件而定。競爭力是一個綜合指標，有的企業憑藉企業良好的聲譽和社會形象，在薪酬方面只要滿足公平性的要求也能吸引一部份優秀人才。

另外，市場供求狀況也是我們在進行薪酬設計時需要考慮的重要因素。就勞動力市場的供求狀況總的趨勢是供大於求，但就某種類型的人才來說，可能會出現供不應求的情形，如高級管理人員與專業技術骨幹人員在目前尚屬於稀缺人才。反映在薪酬方面，這兩類人才不僅有較高的貨幣性要求，而且有較高的非貨幣性要求和其他類型的要求。因此在進行薪酬設計時要充分考慮到這類人才對薪酬設計的獨特要求。

三、激勵原則

外在公平是和薪酬的競爭原則相對的，內在公平則和激勵原

則相對應。一個人的能力是有差別的，因而貢獻也是不一樣的，如果貢獻大者與貢獻小者得到的報酬一樣，表面上是平等的，但實際上是不公平的。因此要真正解決內在公平問題，就要根據員工的能力和貢獻大小適當拉開收入差距，讓貢獻大者獲得較高的薪酬，以充分激發他們的積極性。

四、經濟原則

　　企業的薪酬制度主要目的是吸引和留住人才，為此一些企業不惜一切代價提高企業薪酬標準，這種做法也是不可取的。一方面，除了高薪以外，吸引優秀人才的條件還有很多，有時其他條件不能滿足人才需要，高薪也很難吸引或留住人才；另一方面，要計算人力成本的投入產出比率，如果用高薪吸引了優秀人才，但發揮不了作用，創造不出同等級的績效，對企業也就失去了意義。因此薪酬設計要遵守經濟原則，進行人力資本預算，把人力成本控制在一個合理的範圍內。

案例　把員工的生日當大事

　　無論是歐美國家的企業還是中國企業，都有給員工過生日的傳統，但形式上卻大不相同，一些著名企業非常注重員工的生日。因為他們懂得一年365天裏，只有這一天最適合激勵員工，也最容易達到目的。而有些企業則對員工的生日置之不理，甚至連聲簡單的祝福都沒有，這無異於告訴員工：企業對你沒有感情。

公司記住員工的生日並送上最美好的祝福，是對員工過去為企業做出的貢獻最真誠的感謝，也是對員工未來工作的一種巨大鼓勵，更是對員工身為企業團隊一分子的關注。員工不但可以在生日當天收穫溫馨、收穫快樂，還會收穫自信與成就感。而這些都是通過對員工生日的紀念來達到獎勵員工目的的。

你可以在員工生日當天為員工舉行一個隆重的生日宴會，並在宴會上讚揚員工的出色工作，你也可以在宴會上送給員工一件珍貴的禮物，並送上最美好的祝福。總之，能夠讓員工生日當天開心的點子都可以用上，主要就是讓員工感受到來自企業，來自主管的關愛和溫暖，增強員工對企業的歸屬感，激發員工以後的工作積極性，並增強員工的責任心，從而更好的完成工作和任務，為企業創造更大的價值。

【專業指導】

- 當企業銘記住員工生日的時候,也就等於把員工牢牢地「拴在」了企業中，任何人都不會忘記「那一年的那一月的那一日，主管給我過生日」。

- 把每名員工的生日都記錄在一張單子上，然後交給秘書，等那位員工快過生日時，就提醒主管提前做好準備。

- 你可以悄悄籌備一個小小的儀式。在提前沒有任何通知和預兆的情況下突然通知：員工幾點鐘到會議室開會，並且請到他的部門主管，還有其他部門領導於幾點鐘一起到會議室，待到人員到齊後，拿出事先準備好的蛋糕，水果，每人寫好祝福語並且蓋上各部門的專用章的卡片，然後一起點蠟燭，一起唱生日歌，一起吹蠟燭，再即興叫人表演唱歌的節目，分蛋糕，發禮物……

- 如果那一個月遇到當月過生日的人很多，而且在生產又不忙的情況下，通知過生日的人到事先安排好的舉辦晚會的地方集合，買一些瓜子，水，水果，叫上每個部門主管一起參加，然後給過生日的人舉辦生日宴會。
- 當企業生產正處於最繁忙階段時，你可以命人把禮物買回來，然後親自寫好一張祝福卡片並署上自己的名字，然後命人把禮物和祝福卡片送給員工。
- 以上方法輪流著換，不可連續兩個月用同樣的方法！這樣才可以讓員工每次都在驚喜當中度過自己的生日，帶來感動，留下深刻的印象。
- 你還可以給員工在生日當天放一天假，讓員工回家和家人共度美好的時光。當然，如果你能同時慷慨的送給員工一個小紅包，員工也將非常感謝。

案例　成員在公司內的「生日」

誰都會為自己每年生日的到來而感到高興，因為自己的生日代表著自己在這個世界上所留下的印記。如果你想要表達對於員工過去一年辛勤工作的認可和感謝，完全可以為他們舉辦一次慶祝活動，而活動的舉辦時間恰恰選擇在員工一年前或者幾年前進入企業工作的日子，例如員工在公司內服務滿20年。

也就是說，員工到企業工作幾年，就代表著企業整個團隊的這名成員已經有多少「週歲」了。那麼，企業為員工舉辦這樣一場別具意義的「生日」慶祝活動可以說體現了管理層對每一名員

工的珍視，以及對員工為企業創造價值的一種誠摯的感謝。獎勵給他們一個這樣的活動，就是獎勵給他們一份整體榮譽感。

這種獎勵措施無論是對進入企業剛滿一年的員工還是對已經在企業奉獻很多年的老員工都具有效用。員工會覺得企業並沒有忘記他們的辛勤付出，而是對他們一如既往地給予關注和支持。

「生日」慶祝活動舉辦的具體形式可以根據員工的「年齡」而定。主管可以為進入企業剛滿一年的員工舉辦一次午宴，可以為進入企業剛滿兩年的員工舉辦一次非常正式晚宴，也可以為進入剛滿三年的員工舉行一次旅行聚餐等。總之，活動的舉行要求主管事先必須經過精心的籌備和設計，這樣才能使員工感受到「家」的溫暖，進而鼓勵員工更好地為企業服務。

當然，主管千萬不要忘記準備一些正式的獎品，例如獎章、獎狀、獎盃、獎旗等，這些獎品都代表著企業對員工過去一年工作的認可，這樣的獎勵對員工來說別樣珍貴。

【專業指導】

· 讓人力資源部門把每一名員工進入企業的日期進行登記整理，然後做出一份員工在職「生日表」。合理規劃自己的事務安排，保證在每一面員工過「生日」的那天都能夠抽出一些時間為員工舉辦活動。

· 在員工「生日」的前一天向他們發送一封電子郵件，祝賀他們過去一年所取得的成績，並對他們的付出表示感謝。同時，你還可以借這個機會正式的邀請員工參加第二天的慶祝活動。

· 在員工慶祝活動的當天，所有部門主管都要參加，以表示企業對員工的高度重視。

- 至於活動選擇的地點，主管可以事先和部下開會討論一下，但依然要依據員工的資歷。
- 可以在活動舉行的時候表達對員工下一年工作的期盼，這樣可以使員工樹立責任心，並努力完成下面的工作。

◀))) 第三節　成功的薪酬設計策略

薪酬設計的策略是完全由企業自身來決定的。如果是大企業，那麼它的薪金水準至少應是中等偏上，而如果是小企業，它的薪金設計可以以成本為導向。

一、薪酬水準策略

薪酬的水準策略主要是指企業相對於當地市場薪酬行情和競爭對手薪酬水準所制定的企業自身薪酬策略。供企業選擇的薪酬水準策略有：

1.市場領先策略

採用這種薪酬策略的企業，薪酬水準在同行業的競爭對手中是處於領先地位的。領先薪酬策略一般基於以下幾點考慮：市場處於擴張期，有很多的市場機會和成長空間，對高素質人才需求迫切；企業自身處於高速成長期，薪酬的支付能力比較強；在同行業的市場中處於領導地位等。

世界著名的斯科(CISCO)公司的薪酬策略是：整體薪酬水準處

於業界領導地位，為保持領導地位，斯科一年至少做兩次薪酬調查，不斷更新。斯科的工資水準是中上，獎金是上上，股票價值是上上上，平均下來的薪酬水準是上上。

2.場跟隨策略

採用這種策略的企業，一般都建立或找準了自己的標杆企業，企業的經營與管理模式都向自己的標杆企業看齊，薪酬水準跟標杆企業差不多。

3.成本導向策略

成本導向策略也叫落後薪酬水準策略，即企業在制定薪酬水準策略時不考慮市場和競爭對手的薪酬水準，只考慮盡可能地節約企業生產、經營和管理的成本，這種企業的薪酬水準一般比較低。採用這種薪酬水準的企業一般實行的是成本領先戰略。

4.合薪酬策略

顧名思義，混合薪酬策略就是在企業中針對不同的部門、不同的崗位、不同的人才，採用不同的薪酬策略。例如，對於企業核心或關鍵性人才及崗位的策略採用市場領先薪酬策略，而對一般的人才、普通的崗位則採用非領先的薪酬水準策略。

二、薪酬結構策略

薪酬結構主要是指企業總體薪酬所包含的固定部份薪酬（主要指基本工資）和浮動部份薪酬（主要指獎金和績效薪酬）所佔的比例。供企業選擇的薪酬結構策略有：

1.高彈性薪酬模式

這是一種激勵性很強的薪酬模式，績效薪酬是薪酬結構的主

要組成部份，基本薪酬等處於非常次要的地位，所佔的比例非常低（甚至為零）。即薪酬中固定部份比例比較低，而浮動部份比例比較高。這種薪酬模式，員工能獲得多少薪酬完全依賴於工作績效的好壞。當員工的績效非常優秀時，薪酬則非常高，而當績效非常差時，薪酬則非常低，甚至為零。

2. 高穩定薪酬模式

這是一種穩定性很強的薪酬模式，基本薪酬是薪酬結構的主要組成部份，績效薪酬等處於非常次要的地位，所佔的比例非常低（甚至為零）。即薪酬中固定部份比例比較高，而浮動部份比例比較低。這種薪酬模式，員工的收入非常穩定，幾乎不用努力就能獲得全額的薪酬。

3. 調和型薪酬模式

這是一種既有激勵性又有穩定性的薪酬模式，績效薪酬和基本薪酬各佔一定的比例。當兩者比例不斷調和和變化時，這種薪酬模式可以演變為以激勵為主的模式，也可以演變為以穩定為主的薪酬模式。

因此，有別於高彈性薪酬模式的員工收入波動大、缺乏安全感以及高穩定薪酬模式的激勵功能差、易導致員工懶惰，調和型薪酬模式既能給員工以安全感，又能有效激勵員工，是一種較理想的薪酬模式，但是應控制好基本薪酬與績效薪酬之間的比例，最大化地激勵員工。

當然，企業在進行薪酬設計時，還可以選擇一種叫做混合型的薪酬結構策略。這種策略的特點是針對不同的崗位、不同人才的特點選擇不同的薪酬結構策略。例如，嚴格要求自己、積極要求上進且喜歡接受挑戰的員工，可以採用高彈性的薪酬模式，對

於老老實實做事、追求工作和生活穩定的員工可以採用高穩定性的薪酬模式。

 案例 ## 來點微笑吧

詩人曾把微笑比喻成世界上最美的花朵，當人們臉上露出微笑時，他們的臉才會給人留下甜美的記憶。的確，微笑是人們之間最為真摯的情感表現，它給人的總是輕鬆、愜意。

所以，把你的微笑給予的你的員工，這是一種最直接，也是最不可或缺的獎勵辦法之一。你要知道，微笑總能打破人們之間的隔膜，拉近人們心靈之間的距離，而這正是主管夢寐以求的。

然而，在日常的管理工作中，在員工的印象中，主管的微笑似乎從來沒有投送給自己，一年 365 天當中，也只能看到自己的最高領導笑那麼一兩回，還是對著他的部下。這種情形在中國企業中尤為常見，中國的企業家似乎並沒有注意到微笑是一種管理藝術，是一種重要的信息平台。

日本企業家原一平說過:「笑能把你的友善與關懷有效地傳達給準客戶。」同樣，經理人可以用微笑把自己對員工的認同和支援傳達給員工，也就是說，在管理工作中，員工就是你的準客戶，對這些「準客戶」你必須真誠相待，這樣你才能從他們那裏收穫同樣的或者更大的支持。

曾經有人說過，沒有一個人能夠拒絕來自他人發自內心的真誠微笑，這正是人們善於運用微笑打開彼此心扉的原因。當主管對員工微笑時，善意與真誠自然而然地傳達給了員工，獎勵員工

的目的也就自然而然地達到，因為員工除了得到鼓勵和支持外，還得到了一般無法得到的東西——你的尊重。

【專業指導】

- 改變一臉嚴肅的待人態度，學會面帶微笑的處世哲學。
- 無論見到的是那位員工，都要始終保持微笑，因為這樣能增加你的親和力。
- 在優秀的員工面前更應保持微笑狀態，微笑的交談可以把你的尊重與鼓勵傳遞給對方。
- 主管可以制定一個「微笑計劃」，搜集員工的姓名和照片製成一個記錄本，在已經對其微笑過的人名後做上記號，看看還有誰沒有得到過自己的微笑，以便日後實施。這是一個愉快的事情，主管可以從中得到難得的樂趣。

 案例　一起參加體育比賽

人們常說，世界上最快樂的事情莫過於大家一起從事一項活動。的確，當人們在一起把精力投入到同一件事情時，很難會使人產生疲憊，體育競賽更是如此，它可以使人們的身心得到放鬆，能增強人們的體質。

大多數企業每年都會舉辦一些體育賽事，讓員工都參與進去，為員工緊張勞累的工作生活增添一份活力與愉悅，這是一個非常明智的措施，它有利於增強企業每一個分子的凝聚力。

獎勵員工不但表現在物質方面，更重要的是增強他們對團隊的認同感，同時還應該給予他們更多的獲取快樂的機會。所以，

主管在考慮獎勵和認可員工的時候，不妨在企業舉辦的體育賽事上下功夫。

體育比賽是企業裏每一個人都應該參與的團隊競技活動，身為領袖的主管卻很少參與其中，每次體育比賽都是充當頒獎人或者總結發言人的角色。這對於員工來講，肯定是一個遺憾。但如果主管能夠參與其中，跟員工一起去爭奪比賽目標，無疑會大大增加他們的興趣和活力，達到精神上獎勵員工的目的。

試想一下，當體育場上出現你的身影的時候，你的員工必定會發出巨大的歡呼聲，當你跟他們一起並肩「作戰」，無疑增加了他們的士氣，間接地鍛鍊了團隊的凝聚力，在體育比賽中柔和了企業管理中的合作意識，更有利於日後管理工作的展開與發展。

另一方面，平時不經常運動的主管也可通過共同參與的比賽方式鍛鍊自己，增加對員工的瞭解，可以說，共同參與比賽當中不但獎勵了員工，而且還讓主管切身體會到了什麼才是激情的迸發。

【專業指導】

- 在平日裏，多進行戶外運動以增強自己的體質，爭取在一兩項體育活動中樹立自己的優勢。
- 在企業舉辦體育比賽時你要第一個報名參加，然後鼓勵員工踴躍報名。
- 你也可以突然出現在賽場上，給員工一個意外，然後就在賽場上展現你作為企業領袖的魅力。
- 跟員工合作時，例如接力跑 800 米時，一定要跟他們商量一個「戰術」，讓員工感覺到你的親切。
- 如果你在某項比賽專案上沒有任何優勢，甚至對其一無所

知，請不要參加那項比賽，否則你不是鼓勵員工，而是在
攪局。

· 你也可以走到自己比較欣賞的員工面前對他(她)說:「下場
比賽我要跟你比。」

🔊))) 第四節　直接激勵的薪酬技巧

不可否認，薪酬不是激勵員工的唯一手段，也不是最好的辦
法，但卻是一個非常重要、最直接、最易被人運用的方法。要想
使薪酬既具有最佳的激勵效果，又有利於員工隊伍穩定，就要運
用好薪酬的直接激勵藝術，同時在實際操作中學會使用一些技
巧。下面介紹的幾種方法，或許能給企業一些啟發。

1.企業要設計適合員工需要的福利項目

完善的福利系統對吸引和保留員工非常重要，它也是公司人
力資源系統是否健全的一個重要標誌。企業福利項目設計得好，
不僅能給員工帶來方便，使員工解除後顧之憂，增加對公司的忠
誠，而且可以節省在個人所得稅上的支出，同時提高了公司的社
會聲望。

對企業而言，福利是一筆龐大的開支(在外企中能佔到工資總
額的 30%以上)，但對員工而言，其激勵性不大，有的員工甚至還
不領情。有的公司在員工薪酬、福利待遇上破費不少，但員工卻
無動於衷。作為主管，建議將你在福利方面的開支做個支出明細
說明，讓員工明白公司為他們所付出的代價。要告訴員工你的分

配哲學。如果你確信公司的薪酬具有競爭力，為了讓員工信服，不妨將你在薪酬方面的調查結果公開，甚至讓員工參與薪酬方案的設計與推動。即使因為公司遇到暫時困難而不得不減薪，只要你坦誠相見，公平對待，同時再把薪酬以外的優勢盡可能展現出來，相信員工也會理解並能同舟共濟。最好的辦法是採用菜單式福利，即根據員工的特點和具體需求，列出一些福利項目，並規定一定的福利總值，讓員工自由選擇，各取所需。這種方式區別於傳統的整齊劃一的福利計劃，具有很強的靈活性，很受員工的歡迎。

2. 要在薪酬支付上注意技巧

將現金性薪酬和非現金性薪酬結合起來運用，有時能取得意想不到的效果。前者包括工資、津貼、獎金、「紅包」等，後者則包括企業為員工提供的所有保險福利項目、實物、公司舉行的旅遊、文體娛樂等。有些公司專門為員工的家屬提供特別的福利，例如在節日之際邀請家屬參加聯歡活動、贈送公司特製的禮品、讓員工和家屬一起旅遊、給孩子們提供禮物等，讓員工感到特別有「面子」。主管贈送的兩張音樂會票、一盒化妝品，常會讓員工激動萬分。

適當縮短常規獎勵的時間間隔、保持激勵的及時性，有助於取得最佳激勵效果。頻繁的小規模的獎勵會比大規模的獎勵更為有效。減少常規定期的獎勵，增加不定期的獎勵，讓員工有更多意外的驚喜，也能增強激勵效果。

3. 企業要重視對團隊的獎勵

儘管從激勵效果來看，獎勵團隊比獎勵個人的效果要弱，但為了促使團隊成員之間相互合作，同時防止上下級之間由於工資

差距過大導致低層人員心態不平衡，企業建立團隊獎勵計劃是十分必要的。

4. 在調薪時，員工與主管之間存在一種微妙的博弈關係

員工理所當然希望工資盡可能地高，作為老闆則希望盡可能減少人力成本。如何在博弈中既能控制住薪酬，又能使員工獲得激勵？一種辦法是先降低員工對其薪酬目標的期望值，例如對員工預期的調薪幅度和調薪範圍做低調處理。當員工發現其事實上的調薪幅度超過其預想時，他會產生一種滿足感。

「先增加利潤還是先提高工資？」這個問題很像是「先有蛋還是先有雞？」。建議老闆選擇「先提高工資」，如果其資金能夠支持一個利潤週期的話。配合科學的績效管理，公司將會進入「高工資、高效率、高效益」的良性循環，用一流的人才成就一流的事業，這樣公司和員工都會有一個加速的發展。

案例　彙報工作的機會

員工在努力工作之後非常希望能夠得到來自主管的關注和認可，主管如果想獎勵有這樣積極心態的員工就應該給他們直接向你彙報工作的機會，這樣既能夠對他們的工作表示認可，又能夠表達自己對優秀員工工作的支持。

主管獎勵員工彙報工作的機會，一定要認真聽取，並做好記錄，這不但是對員工認真勤奮的一種尊重與鼓勵，更是瞭解基層狀況的很好機會。並且員工向自己彙報工作這項措施一定要堅持進行，每隔一段時間就應該召集受獎勵的員工再次彙報，以求改

進上次彙報時所反映的問題，並表達你對其下一步工作的期望。

同時，主管要培養員工彙報工作時的能力與技巧，力求做到「五個體現」和「五個注重」。

「五個實現」包括：在部門職責上，做到「心知肚明，瞭若指掌」，切實體現對工作的熟悉程度。

在工作部署上，做到「思路清晰，指導性強」，切實體現對工作規律的高度把握和全面統籌的能力。

在查找問題上，做到「揭短亮醜，問題講透」，切實體現敢於批評和自我批評的勇氣。

在原因分析上，做到「一針見血，客觀公正」，切實體現認識、分析、思考問題的深度和廣度。

在工作效果上，做到「措施具體，務求實效」，切實體現解決問題，落實目標的能力。

「五個注重」包括：

注重平時「事例」的收集，寫在紙上，記在心裏，力求資源豐富，有具體形象。

注重語言的「準確、鮮明、生動」，持之以恆，下苦功，力求吸引眼球，印象深刻。

注重講觀點，談分析，作比較，挖本質，用觀點統率材料，為材料注入靈魂。

注重發現規律，善於發現和提出問題，找到解決問題的辦法。

注重抓好服務，部門的一切工作都是要解決問題的，要以「三個服務」為立足點，抓溝通、抓協調，抓高效支撐和服務，指導工作實踐。

只有培養員工在以上方面的彙報能力才能真正達到獎勵的目

的，解決好彙報中所涉及的問題，幫助員工進步，進而長期關注和指導員工的工作生活。

【專業指導】

- 員工向你彙報工作的態度，當然是非常認真的，因為員工有一種憧憬，那就是獲得你更大的信任。主管應該滿足員工積極進取的心理需求，並把這種獎勵措施當作瞭解基層客觀情況的「聽筒」。也就是說，當主管給予員工彙報工作的機會時，也是給自己瞭解企業現實情況的機會。

- 如果員工工作表現出色，你可以走到他的面前表示你的關注，並告訴他定期向你彙報工作，或者你可以直接把他叫到辦公室中進行聽取彙報。

- 一旦被你選中接受此種獎勵就意味著員工有了別人沒有的機會，所以員工會非常謹慎地向你彙報情況，你要注意引導員工保持輕鬆心態，彙報重要問題。

- 在彙報工作前，主管可以把公司的主要領導也叫到一起，聽取員工的彙報，表達公司管理層對來自基層聲音的重視。

心得欄

案例 「名人牆」效應

　　著名企業中有一塊非常重要的牆，叫做「名人牆」，上面貼滿了公司裏的明星員工的事蹟和所受的獎勵，這樣做不但可以擴大獎勵的效應，而且還會影響其他員工的工作態度，使其他員工紛紛效仿明星員工的工作方法，增添企業管理的活力。

　　這種獎勵方法同樣適用於中國企業中。如果主管想要把獎勵的效用成倍增長並發揮到極致，你就應該把這種獎勵公之於眾，從而使員工獲得公開的認可。而設立一面「名人牆」正符合你的這種想法和要求。

　　「名人牆」的設立可以說是一舉多得，即達到了獎勵員工的目的，又可以增加員工對於管理人員的好感，便於日後管理工作的有效開展。

　　其實，「名人牆」的設立非常簡單，你只需把一些表現出色員工的姓名，業績以及獲得的獎勵連帶員工在生活中的照片貼到牆上，並且發佈一個類似於公告的宣傳頁，用來公開宣佈你對員工出色表現的高度讚揚。這樣做目的很簡單，就是讓其他員工一起感受到你對工作出色完成的員工必然會有實質的認可和鼓勵，這樣可以充分地把獎勵的功效發揮在人際傳播當中，為你的獎勵制度做到自然宣傳。

　　除此之外，「名人牆」應該設置到公司的突出位置，例如員工進出的要道，或者是企業辦公大樓的大廳中，這樣更能夠吸引員工的目光和關注，便於宣傳活動的延續。對於員工來講，受到了主管的公開表彰，這是一個難得的榮譽。再加上自己的事蹟和照

片的展示，使員工倍感自豪，同時員工也會獲得了同事的追捧，也就產生了巨大的成就感，便於把積極地情緒投入到以後的工作中。

【專業指導】

- 「名人牆」效應的發揮實質上是企業宣傳策略的重大勝利，一種積極向上的因素正是通過一面牆傳導下去的，並且效果會更加強烈。

- 在公司的突出位置選一塊地方用來設立「名人牆」。並且事先請專業的設計人員設計「名人牆」的樣式結構，最好能夠使「名人牆」透露出文化底蘊和溫馨的氣息。

- 把優秀員工的資料收集上來，包括照片、所獲得過的榮譽以及在工作中的事蹟。最好向員工的上司或者同事徵求意見，以求保證資料的真實性。

- 主管可以把向員工頒發獎品的照片放大，然後放到「名人牆」中，以示對員工的鼓勵。

- 「名人牆」上的「名人事蹟」擺放要有一個規定期限，一方面便於很好的宣傳員工，另一方面保證能夠有足夠的空間擺放以後獲得這項獎勵的員工資料。

◄))) 第五節　與實績結合的獎勵

　　給做出實績者物質激勵，不僅是對做出成績的人的肯定，也是企業永續發展的需要。

　　從 20 世紀 60 年代至今，激勵問題一直是美國企業管理研究的熱點。杜拉克等西方管理學專家紛紛把激勵看做與計劃、組織和控制同樣重要的管理基本職能。70 年代以來，在美國全部的組織行為學文獻中，研究激勵問題的要佔四分之一。美國通用食品公司總裁曾說:「你可以買到一個人的時間，你可以僱用一個人到指定的崗位工作，你甚至可以買到按時或按日計劃的技術操作，但你買不到熱情，你買不到主動性，你買不到全身心的投入，而你又不得不設法爭取這些。」這句話形象地道出了企業管理中所面臨的難題。

　　如何實施激勵措施呢？最基本的也是最簡單的原則就是把獎勵與工作實績掛起鉤來。

　　在某些公司中，一些好的建議，不是作為建議者的功績而是作為上級的功績，被當做上級發跡晉升的資本加以利用，但是，這在 IBM 是不可能出現的事情。IBM 對職工的智慧和發明創造，一律用高額獎金予以鼓勵。某種建議應付多少獎金，某種發明應獎勵多少錢，在發明創造制度中都規定得清清楚楚。例如，公司把採用職工的某項建議所獲得的利益換算為金額，日本 IBM 公司規定最高獎金可支付 2700 萬日元。這個數目也透露出了 IBM 巨大

的氣魄和豐裕的資金。《IBM人事管理手冊》中的「發明創造制度」一章中，有「獎金與表彰」這個項目，明確規定了「只要提出好的建議就付給報酬」，為進一步提高職工的創造熱情注入強大的經濟動力。

發明創造被採納時，提案者根據以下規定受到表彰：

1.節約額明顯的發明創造，從實施之日起至一年期間的估計節約額中，取其25%作為獎金支付。

對一年間核算的純節約額不滿24000日元的發明創造，統一付給6000日元獎金。

對國內的發明創造支付獎金的幅度是6000～27000日元；對國外的發明創造，按採用該發明創造的國家的發明創造制度規定付給獎金。

2.發明創造對產品的品質、信用程度、用戶服務、現場安全、衛生或保密改善等方面的節約額是無法計算的，這時，依據獎金評定計分表進行評價，按其所得分數付給相應的獎金。所得分數不是標準分數時，也付給6000日元獎金。

國內這項發明創造的獎金幅度是6000～24000萬日元，但是對特別優秀的發明，有時可視情況支付高於最高額的獎金。

3.共同的提案，獎金均分。

4.對第一年期間估算的純節約額為120000日元（獎金額為30000日元）以上的發明創造，實施一年後，判明其實際節約額在此以上時，付給追加獎金，並同時付給第二年期間估算的純節約額的10%獎金。

5.在發獎時，如提案者已經退休，獎金照發。

第六節　IBM 的薪酬激勵

　　員工所得到的薪酬既是對其過去工作努力的肯定和補償，也是他們對未來努力工作得到報酬的預期，激勵其在未來也能努力工作。此時，薪酬已不僅僅是「勞動所得」的意義，它在一定程度上代表著員工自身的價值、代表企業對員工工作的認同，甚至還代表了員工個人能力、品行和發展前景。因此，薪酬激勵不單單是金錢激勵，同時也隱含著成就激勵、地位激勵等。薪酬激勵能夠從多角度激發員工強烈的工作慾望，成為員工全身心投入工作的主要動力之一。IBM 的薪酬管理就是能夠通過薪酬管理達到獎勵進步、督促平庸的目的。「加薪非必然！」是 IBM 廣為流傳的一句話，IBM 的工資水準在業內不是最高的，也不是最低的，但 IBM 有一個讓所有員工堅信不疑的遊戲規則：幹得好加薪是必然的。因此，這成為激勵員工努力工作的最大動力。

　　IBM 的薪酬構成很複雜，但裏面不會有學歷工資和工齡工資，IBM 員工的薪酬跟員工的崗位、職務、工作表現和工作業績有直接關係，與工作時間長短和學歷高低卻無必然關係。在 IBM，你的學歷是一塊很好的敲門磚，但決不會是你獲得更好待遇的憑證。

　　在 IBM，每一個員工工資的漲幅，會有一個關鍵的參考指標，這就是個人業務承諾計劃——PBC。IBM 的每一位員工，都會有個人業務承諾計劃，制定承諾計劃是一個互動的過程，你和你的直

屬經理坐下來共同商討這個計劃怎麼才能做得切合實際，幾經修改，你其實和老闆立下了一個一年期的軍令狀。到了年終，直屬經理會在你的軍令狀上打分，直屬經理當然也有個人業務承諾計劃，上頭的經理會給他打分，大家誰也不特殊，都按這個規則走。IBM 的每一個經理掌握了一定範圍的打分權力，他可以分配他領導的那組（Team）的工資增長額度，他有權力將額度分給這些人，具體到每一個人給多少。每一個員工為了使自己的工資增長額度盡可能地高，都會拼命地工作。薪酬在員工身上發揮出來的激勵作用是顯而易見的。

為了使自己的薪資有競爭力，IBM 專門委託諮詢公司對整個人力市場的待遇進行了詳細的瞭解，公司員工的工資漲幅會根據市場的情況有一個調整，使自己的工資有良好的競爭力。

IBM 的工資與福利項目具體分類如下：

基本月薪：是對員工基本價值、工作表現及貢獻的認同；

綜合補貼：對員工生活方面基本需要的現金支援；

春節獎金：農曆新年之前發放，使員工過一個富足的新年（亞洲區的獎勵項目）；

休假津貼：為員工報銷休假期間的費用；

浮動獎金：當公司完成既定的效益目標時發出，以鼓勵員工的貢獻；

銷售獎金：銷售及技術支援人員在完成銷售任務後的獎勵；

獎勵計劃：員工由於努力工作或有突出貢獻時的獎勵；

住房資助計劃：公司預發一定數額存入員工個人帳戶，以資助員工購房，使員工能在盡可能短的時間內用自己的能力解決住房問題；

醫療保險計劃：員工醫療及年體檢的費用由公司解決；

退休金計劃：積極參加社會養老統籌計劃，為員工提供晚年生活保障；

其他保險：包括人壽保險、人身意外保險、出差意外保險等多種項目，關心員工每時每刻的安全；

休假制度：鼓勵員工在工作之餘充分休息，在法定節假日之外，還有帶薪年假、探親假、婚假、喪假等；

員工俱樂部：公司為員工組織各種集體活動，以加強團隊精神，提高士氣，營造大家庭氣氛，包括各種文娛、體育活動、大型晚會、集體旅遊等。

IBM 給員工的報酬中，還包括股票期權，這也是與業績相聯繫的，績優的員工將得到更多的、價格更低的股票期權。

許多企業都像 IBM 一樣開始使用包括股票期權在內的各種股權來激勵員工的積極性。這項措施不僅從理論上，也從實踐中不斷證明其正確性及可行性。其實完全可以想到，僅依靠基本工資和年獎金已無法使高級管理人員保持充足的幹勁兒，多種形式的長期激勵辦法不斷煥發出生機，而股權激勵更是應運而生。

 案例 召開表彰大會

經理人在表揚員工時，往往只是隨便說一句道謝或鼓勵的話，這樣簡便的認同方式雖然在一定程度上能夠起到認同員工的作用，但比起正式的表彰和讚揚來講，其局限性也顯而易見。

當員工聽到你讚揚他的時候，其實他(她)很想從別人那裏得

到回饋，而一兩句感謝的話對於員工來講只是主管隨口說出的，在沒有同事在場的情況下他(她)很難得到回饋。所以，主管應該採取比較正式地認同方式，而召開表彰大會就是這種正式認同方式中最常見也是最有效的一種。

但在大多數情況下，主管總是以浪費時間為由拒絕召開這樣的聚會，另一層含義是主管認為像表彰大會這樣獎勵員工太形式化，其實則不然。

表彰大會並不只是單純意義上的表揚員工，而是在企業全體成員面前給予受到表彰員工以支援和鼓勵，並讓他得到所有同事的回饋，對受獎員工而言，掌聲就是同事們給予的積極回饋。通過這樣的程序，能夠讓員工樹立更強的責任感和自信心，同時確立自己的努力目標並改正自己的不足。

另一方面，召開表彰大會可以為員工指明一個方向，即主管時刻關注著他們的工作情況，任何人只要辛勤的工作並取得一定成績，都有機會在所有人面前得到主管的認同和獎勵。所以，表彰大會對於管理工作具有非常大的現實意義。

【專業指導】

· 確定表彰大會的召開時間，制定一個詳細的內容安排方案，隨時瞭解員工的工作表現情況，將優秀的員工納入表彰的名單中。

· 一定要在表彰大會上親自向受表彰的員工頒發獎品，以表示你的重視程度。

· 表彰大會並不一定每年只舉行一次，也可以按季舉行，這有利於激發員工的工作積極性。

· 表彰大會舉行的時間不宜太長，容易讓員工產生厭煩感甚

至影響企業正常的生產工作。但表彰大會一定要辦的隆重，以顯示企業對員工表現的正面回饋。

案例 選一篇文章

員工們整日工作，最希望得到的就是上司的賞識與認可，而且他們都希望瞭解你對他們的看法及評價，這一點不僅僅表現在對團隊的看法和評價，更重要的是他們想知道你對於他們個人的看法與評價。

所以，獎勵員工的一個方法就是讓員工明白他(她)在你心目中是怎樣的一個形象。一個簡單的辦法就是根據你對員工的看法和感想以及員工個人在工作中的實際情況，精選一些文章，送給員工。

可以說，這些文章裏的寓意就是你對於員工的評價和鼓勵，對於一個主管來說，這種獎勵方法更能襯托出自己的文化水準，可以很直接地讓員工領悟到你的管理智慧。

「文章，一個可以工人們閱讀並產生遐想的媒介」——這是對於獎勵制度中，一篇小小文章的作用最客觀而實際的評價。

利用文章表達認可和獎勵員工的措施有很多好處。

一方面，員工可以通過主管親自選送的文章感受到來自你的重視和關注，另一方面，員工可以通過閱讀文章內容來領會文章中的寓意，這有利於他們朝著你給他們指引的方向前進，員工將從這些文章中收穫人生的重要經驗。另外，文章的選擇體現著你的文化水準，並且員工將切實的感受到主管的個人魅力，這有助

於拉近你與員工的距離，並有助於提高自己的威信，便於日後管理工作的有序進行。

利用文章中的寓意表達自己對員工的看法，這是一個非常簡便而具有現實意義的獎勵方式，主管在繁瑣的物質獎勵細則意外，不妨嘗試一下這種「閱讀心靈」的方法。

【專業指導】

- 仔細閱讀一些著名的文章，然後具體瞭解一下員工的實際情況和性格特點，把你認為適合鼓勵他（她）的文章剪下來、或者複印下來送給員工。
- 你也可以制定一個目標，把每位員工的目標和興趣搜集上來，然後找一些相關的文章，每個月或者每個季都發給員工一份適合他們的文章。
- 把你找到的文章放到一個信封裏，然後寫上員工的姓名，讓你的秘書送到員工的手裏，並囑咐員工：「這是主管送給你的，希望你能繼續努力。」
- 你也可以通過網路郵件的方式把文章發送給員工。
- 其實，你還可以把你對文章的見解和對員工鼓勵的話寫在文章的旁邊，然後把文章送給員工，這樣效果更佳。

心得欄

第七節　沃爾瑪的利潤分享計劃

在沃爾瑪，員工之所以崇拜薩姆·沃爾頓，忠實於公司的事業，無疑是建立在公司與員工分享利潤計劃的基礎上，這也是公司與員工站在一起，視員工為合夥人的重要措施之一。

沃爾瑪有幾十萬股東，不少員工本人就是股東。在公司成立早期，財力不足，吸引住專業人才和分店經理的重要措施就是入股或分享利潤。總之，與員工分享利潤的做法使員工們將公司看成是自己的，從而激發出同心合力做好工作的熱情。

在沃爾瑪發展初期，薩姆·沃爾頓付給員工的工薪一般僅比法律規定的最低工資略高一些，一是因為 20 世紀 70 年代初公司股票上市前，薩姆·沃爾頓的財力相當拮据；二是公司所在小鎮上的獨資經營的小本雜貨店的僱員工資就很低。薩姆·沃爾頓認為要刺激每位員工奮發向上，就得這樣。但是，經理們的報酬相當優厚，除了固定的薪水外，還可按業績分得固定比例的利潤。例如，薩姆·沃爾頓給公司聘的第一位分店經理的待遇就是將利潤的 1%作紅利。另外，每位經理還有權投資一小部份股份，但在每家店的投資不得超過 1000 美元，約佔新店資本總額的 2%，其中 600 美元算是借給公司的，400 美元是自己的，保證每年都有利息。

薩姆·沃爾頓花了很長時間才想通了也應讓普通員工參與利潤分享計劃。這和與工會的摩擦有關。公司在開第 20 家和第 25

家新店時都遇到了當地零售店員工會的抗議活動，因為沃爾瑪不允許在公司內組織工會。這些摩擦終於使薩姆‧沃爾頓同意了在全公司推行利潤分享和福利計劃。但該計劃實施後不久，薩姆‧沃爾頓就意識到這一做法太重要了，它大大有助於推動公司業績的成長和真正在公司和員工之間建立起夥伴關係。與商品折扣原理一樣，售價越低，顧客買得越多，商店賺得越多，公司分給員工的利潤越多，不論是以工薪、紅利還是股份的形式給予，員工們對公司的銷售和利潤增長的熱情越高，貢獻也越大。畢竟，零售業最重要的是零售店員工與顧客之間的直接接觸，銷售業績是通過員工的服務才達成的。後來，薩姆‧沃爾頓甚至認為他一生事業上的最大遺憾就是 1970 年公司股票上市時,仍沒有把經理人員享有的利潤分享計劃推廣到一般員工，而且為自己在公司組建初期忽視了一般員工的福利感到非常過意不去。

1971 年，沃爾瑪開始正式在全公司內推行利潤分享計劃：凡加入公司一年以上,每年工作時數不低於 1000 小時的所有員工都有權分享公司的一部份利潤。公司根據利潤情況按每位員工工薪的一定百分比提留資金，當員工離開公司或退休時從公司連本帶利領取，可選擇現金，也可選擇公司股票。總體來看，公司每年提留的金額大約是工薪總額的 6%。如 1972 年，用於該計劃的金額是 17.2 萬美元，共 128 人獲益。而 1991 年，公司為當年利潤分享計劃提留的資金已高達 12500 萬美元。總之，隨著公司銷售額和利潤的增長，所有員工的紅利也在增加。

這筆基金的主要部份被投在了公司股票上，而沃爾瑪股票 20 年裏隨公司業績的成長不斷飆升，使許多在沃爾瑪長期工作的員工退休後擁有一筆可觀的財產。

一位在沃爾瑪已工作了 20 年的貨車司機說，他 1972 年進公司時，薩姆·沃爾頓在講習班上告訴他們，如果他們在公司持續工作 20 年以上，他們將能領到 10 萬美元以上的利潤分享金。這位司機當時根本不相信，因為他剛從一家工作了 13 年的運輸公司出來，一共才領到 700 美元。如今 20 年過去，他的利潤分享金不是 10 萬美元，而是 70.7 萬美元。

另一位從 1965 年到 1989 年在沃爾瑪工作了 24 年的普通售貨員，當時在公司領的是最低工資，退休時也得到了 20 萬美元利潤分享金，足夠他買汽車、旅行和養老。

還有一位 1971 年 23 歲時加入沃爾瑪的負責運輸工作的員工，一開始他哥哥還勸他辭掉沃爾瑪的工作，因為待遇比沃爾瑪好的工作多得很。但到 1981 年，他的利潤分享金已達 8 萬美元，1991 年，增至 22.8 萬美元。他很慶倖自己選對了工作。

所有這些員工都切身體會到了對公司忠誠的回報是多麼可觀！而他們獲得豐厚回報的實例刺激了後來者。利潤分享計劃切實起到了鼓勵員工們將公司看做是自己的，努力為它工作，維護公司利益的作用；同時為員工們提供了豐厚的退休金，解除了他們的後顧之憂。

公司還實施了其他一些財務合夥計劃。其中，1972 年開始實施一項員工購股計劃，屬於職工福利，但又是自願的。即員工購買公司股票享有比市價低 15%的折扣，並可用薪水抵扣。由於公司股票的升值，這一計劃使許多員工積累了大量財富。例如那位貨車司機，除利潤分享金外，他還用買賣股票賺的錢買了房子和許多東西。當然，那些管理人員，包括在公司長期工作的中層管理人員積累的財富更多，不少人都成了百萬甚至千萬富翁。

公司的其他福利計劃包括員工的疾病信託基金、為員工子女而設的獎學金、分享減少商品短缺的節約獎等。以 1990 年為例，沃爾瑪的各項福利計劃，加上分店經理獎和補償方案等，使公司除了工資和基本補助以外多支付了 1 億美元。

所謂商品短缺實際上就是商品失竊。沃爾瑪的商品失竊率雖在同業中是很低的，但因基數很大，總量也相當可觀，也曾有單個商店高達 6%的。有顧客順手牽羊的，也有店員監守自盜的。1980年，公司想到解決失竊問題的最好辦法就是將減少失竊後所增加的利潤與員工分享。實施後果然相當奏效，員工因此而得到的紅利最高可達 200 美元。這種做法在職工內部建立起互相監督的機制，也鼓勵了員工自愛自重，以一己之力減少了失竊現象發生。

案例　加班後的獎勵

由於工作的需要，員工有時會加班加點的去努力完成額外的工作，或者員工在經過長時間的加班後完成了一項十分重要的工作任務。那麼，主管應該犒勞一下這些勤奮的員工。你可以帶他們去吃夜宵，去唱歌，去看場電影，只要能夠讓你的員工開心放鬆就好。

員工通過這樣的獎勵得到了你的充分認可，同時受到鼓舞，而且還能瞭解到自己的老闆對自己的關注。同時，在員工加班後實施獎勵措施，有助於激發員工的積極性。通常的情況下，這種獎勵方法不要事先告知員工，如果提前告知，此項獎勵的效果會大打折扣。因為當員工進展工作的時候獲知此事，很容易造成員

工分心，而後又很難從工作狀態中擺脫出來，達不到降低壓力的效果。如果在事先沒有一點準備的情況下突然聽到如此令人興奮地消息，就會大大地降低員工的工作壓力，讓員工獲得心情上的愉悅，你獎勵的目的也就達到了。

當然，這種獎勵措施有一個要求，那就是主管必須和員工一起加班，這樣才能為員工提供認同，或者增加團隊的向心力，從而激發團隊的工作積極性。

【專業指導】

- 獎勵那些剛剛從事完緊張勞累工作的員工的方法就是讓他們放鬆，這樣員工才能以更完美的狀態繼續第二天工作。經理人要把握這種尺度，娛樂不要進行太長時間，否則，放鬆也就變成了疲憊，反而會影響以後的工作效率。

- 主管在下班後，晚走到辦公室或工廠裏看看有那些員工正在加班，告知他們完成工作後不要走。再實施你的獎勵計劃，例如帶來宵夜點心。

- 你也可以在得知員工即將完成某項任務時，提前在網上搜尋一下某項娛樂措施，當工作一結束你就帶他們去放鬆一下。

- 事先不要告知你要帶他們去那，然後用自己的專車載他們去目的地，給他們一個驚喜，如果員工人數很多，你也可以專門準備一輛中巴或者大巴車。

- 由於員工加完班已經很晚了，所以，活動儘量不要持續太長時間，然後再用車把員工送回家。

- 這種獎勵辦法的前提是加班員工是在完成額外的任務或者艱巨的任務，而不是白天可以完成卻由於懶散而沒有完成

的工作任務，所以主管要多瞭解員工的表現狀況，控制員工加班的品質。

案例　公車使用權

員工家裏遇到大事小情難免會有需要使用車輛的時候，如果想要體現人性化的一面，那麼你可以根據員工的工作表現，決定是否可以獎勵給員工公車的使用權。

獎勵給員工公車使用權，一方面可以表達你對員工出色工作的認可，也可以幫助員工切實的解決生活中的困難，從而達到關心員工、支持員工、鼓勵員工的目的。另一方面，當其他員工得知企業會為員工提供這樣的獎勵措施後，會無形中激發員工的工作積極性，提高工作的效率，因為誰都想得到你這樣實用的獎勵。

獎勵員工公車的使用權，公司一定要考慮以下幾點問題：

首先，使用的車型。員工使用的車型可以根據員工的要求而定，如果員工想要用車接送一名非常尊貴的客人，你可以把自己的座駕或者是像寶馬、賓士之類的名車借給員工。如果員工想用車運送貨物，可以借給員工一輛貨車。如果員工想用車去郊外旅行，你可以借給他一輛越野車。總之，關於使用的車型要根據員工的申請和企業的實際情況而定。

其次，使用的期限。獎勵員工使用公車必然會有一個時間規定，但這要視員工的業績而定，例如銷售量、簽單數量、現金回收數等等，主管可以制定一個時間規定，成績越好，使用公車的次數就越多或者使用的期限就越長。

　　另一方面，獎勵員工使用公車的權利，還應給員工配一名司機，這樣更能表達企業對員工的重視，同時營建一種人性化管理的文化氣氛。

【專業指導】

- 從企業的車輛中劃撥一部份出來，專門用於給員工使用，並且要各種類型的車兼備，這樣可以做到獎勵的常態化，甚至每人都有使用公車的機會，並且保證每天都有員工受到這樣的獎勵。
- 現在有很多汽車租賃公司提供汽車租賃服務，你可以與之達成某項協議，員工租賃的費用由企業擔負，而租賃公司提供車輛，在某段時間給員工使用。
- 主管每隔一段時間就要查看一下員工的業績表，以便在員工提出使用公車的申請時用以參考。
- 制定一個實施此獎勵辦法的規章制度，將措施公佈出去。

心得欄

_____

_____

_____

_____

_____

_____

第 *5* 章

獎懲措施要搭配教育培訓手段

第一節　不教而授謂之殺

　　一個企業老闆曾經問過一個問題：在自己剛創業時，只有五六個人，什麼獎懲制度也沒有，但是大家工作熱情極高，晚上經常加班，從沒有人提出過加班費的問題，表現出的奉獻精神至今令人感動；現在企業大了，員工多了，相應的獎勵與懲罰制度也完善了，但是員工的奉獻精神卻消失了，甚至最早一起創業的人也開始斤斤計較了。這是不是意味著「制度越多，員工越自私」、「獎懲越規範，效果越不明顯」呢？

一、別把獎懲本身當目的

　　實際上，出現這樣的問題，並不是因為獎懲無用了，而是因為誤用了獎懲。無論在什麼情況下，獎和懲都只是一種手段，而

不是目的。要想真正發揮獎懲的功效，還必須把獎懲和教育進行結合。

一位品質管理專家講過一個這樣的故事。

阮師傅在認真地工作著，這時他需要一把扳手。「去，拿一把扳手來。」他對身邊的徒弟說。

過了好久，徒弟拿來了一把扳手。但阮師傅發現這並不是他需要的扳手，於是生氣地說：「誰讓你拿這個，這個怎麼用啊？」

徒弟感到很委屈。這時阮師傅才發現，自己沒有告訴徒弟需要的扳手型號。

於是阮師傅告訴徒弟自己所用扳手的型號，沒過多久，徒弟就拿著他需要的扳手回來了。

這位師傅犯的錯誤，也經常發生在我們身上，如果我們在管理中學習這位師傅的做法就好了，出了問題從自己身上找原因，不要輕易批評或責怪下屬。

古人云：「不教則不授，不教而授謂之殺。」沒有人會讓一個從來沒有學過開車的人自己開車上路，因為那等於讓他去送死。

沒有培訓就不能授權，而沒有培訓就率意地授權就是害人。同樣，當我們要求「徒弟」或「下屬」去做這樣或那樣的工作時，除了告訴他們一些供其參考的方法外，還應該告訴他們完成這項工作的具體標準。

例如麥當勞的規定：巨無霸麵包厚度 5.7cm，烤麵包 55 秒，煎肉餅 1 分 45 秒，可樂和芬達的溫度為 4C；所有的櫃台都是 92cm 長；炸薯條超過 7 分鐘，漢堡包超過 10 分鐘就必須扔掉；顧客從點膳到取走食品的標準時間為 32 秒；工作人員用清潔消毒劑洗手，雙手揉搓時間最少是 20 秒。

按照麥當勞的要求，即使一個「傻瓜」，只要按照上述標準進行操作，就完全可以做出麥當勞的品質。

二、「告訴」不等於「教」

很多管理者都會犯類似的錯誤，告訴員工任務後就放手不管了。管理者往往會認為自己已經「教」下屬去做了，是員工理解能力的問題才導致沒有做好。其實這裏面的「教」只是「告訴」，而不是真正意義上的「教」。

李教授在與某公司的老總聊天時，聽到這位老總總是抱怨下屬執行力太差，於是李教授問他具體情況。

原來老總最近在舉辦一個企業家論壇，邀請的客戶非常重要，想把他們的信息存入信息庫。讓秘書小陳負責收集參會人員的信息。但小陳只收集了不到 10 個人的信息。老總為此耿耿於懷：「我告訴了他好幾遍！他好像故意和我作對似的！」

李教授問道：「如果那天換作是你，你會怎麼做呢？」

老總想了想說：「現場讓這些企業家填寫登記表是很難的，論壇開始前收集比較容易一些，充分強調填寫登記表的必要性，強硬一點也沒關係。」

「那你事前有沒有把你的經驗教給他呢？」李教授道。

「沒有啊！這還用我教嗎？」老總不以為然地說。

「呵呵！」李教授笑了笑道：「他的經驗怎會有你豐富？分配完任務後，你不能只管結果。你應該先傳授一下你的經驗，然後詢問一下他有何困難。這樣他的執行能力才能提高。你總是強調讓他幹什麼，卻不指導，他肯定會走彎路！等他都掌握了，時間

也浪費沒了。」

大多數時候，員工不作為，並不是因為他們不願作為，而是因為他們不知道如何作為。在這種情況下，再好的獎懲措施都是徒勞的。對員工的幫助不力、工作指導不及時或不夠，這是員工不知道如何做事的主要原因。因此，管理者不但要「告訴」員工做什麼，還要「教」員工怎麼做，這可以通過工作指導或培訓來完成。

三、「授之以漁」而非「授之以魚」

「授之以魚，飽其一日；授之以漁，方可飽其終生。」這就是培訓的意義所在。發號施令者和循循善誘者之間的區別也就在於此。優秀的領導者總是把自己與下屬的每一次會面看成是一次指導的好機會。

最有效的指導方式就是：首先仔細觀察一個人的行為，然後向他提供具體而有用的回饋。在進行指導的時候，你首先需要指出對方行為當中的不足，這時你需要給出具體的例子，告訴對方他們那些表現是正確的，那些是需要改進的。

管理者一定要掌握提問的藝術。通過提出一些一針見血的問題，可以迫使員工進行更為深入的思考和探索。

在一家大型跨國公司的評估會議上，一位部門主管提出了一個野心勃勃的計劃——讓自己產品在西歐的佔有率上升到第一位。

公司 CEO 道：「這是一個激動人心的計劃。」他知道競爭對手同類部門的規模是他們公司該部門的 4 倍。

他進一步發問:「你準備採取什麼具體的步驟呢?你要爭取的客戶群體是那些?你準備用那些產品來擴大市場?你有那些競爭優勢?」提出計劃的部門主管被一連串詳細的問題弄得不知所措。他並沒有考慮到這些問題。

然後 CEO 開始從該部門的實際情況發問。

「你們有多少銷售人員?」他問道。

「10 名。」部門主管回答說。

「你們的主要競爭對手的銷售人員數量是多少?」CEO 又問。

「200 名」主管小聲回答道。

CEO 又問:「你在制定計劃之前徵求過歐洲分部的意見嗎?」

通過 CEO 具體而簡單的發問,已經充分暴露了該計劃的不足,可想而知那位部門經理非常難堪。

接下來 CEO 對這位部門主管做出了恰當的指導,這就是我們說的:授之以漁,提出了富有建設性的意見。

會議結束時,該部門主管得到了足夠的激勵和經驗。花費了 3 個月的時間重新制定一份比較現實的、可執行的計劃書。

工作崗位是最理想的培訓人才的沃土,工作實踐則是最有效的培訓人才的方法。管理者要學會通過工作培訓來促進員工獨立工作,有目的、有計劃地進行在崗培訓。

在工作中完成對員工的培訓,管理者可以根據實際工作需要調整分工,讓員工通過從事沒幹好或沒接觸過的工作,促使其開動腦筋、積極思考。同時,這種做法也可以從實踐中發現員工的缺點和弱點,採取有針對性的培養措施。例如,對那些已經大體熟悉和掌握崗位工作要領,能較好地完成工作任務的員工,管理

者要不失時機地交給其新工作，同時對其進行適度指導；而那些對陌生工作感到畏懼的人，則要教育他們樹立「只有行動才能提高」的意識，幫助這些員工樹立全力以赴投入新工作的思想，並不時在其取得進步和成功時，給予及時的鼓勵和表揚。

案例　在客戶面前給予尊重

如果主管想要對員工表示認可，一種方法就是當有客人來訪時，給予員工尊重。例如，當主管與客人從走廊經過時，如果遇到你想要獎勵的員工，你可以當著客人的面向那名員工打招呼，當然，你也可以向客人介紹那名員工，表達你對員工的重視。

有的經理人在歡迎客人時很難顧全到員工的感受，甚至在引領客人經過走廊時對旁邊打招呼的員工視而不見，這樣做嚴重挫傷了員工的自尊心，甚至使員工失去對自己的信心，進而影響工作的狀態。另一方面，不理不睬旁邊員工會使客人無法瞭解到企業狀況，例如對一些部門的瞭解，而員工恰恰是這些部門的代表，在不理不睬中，經理人同時失去了客人與你整個公司交流的機會，進而影響客人對企業的整體印象，不利於合作的達成。

其實，給予員工尊重是很簡單的事情，只需在客人面前說一句「你好」之類的問候語，或者乾脆向客人介紹你的員工，並當眾表揚員工所作出的成績，員工的自尊心就會得到滿足，同時，員工還會感到來自主管的認可與鼓勵。

如果主管時間非常緊迫，來不及跟員工做語言交流，那麼，你也可以通過微笑來表達你的敬意，員工自然會體會到你的關注。

【專業指導】

- 尊重是一種相互的作用，你給予員工尊重才能獲得員工的尊重。這是一個簡單的數學公式。但是不同的是，你給予員工尊重的同時，你還會收穫更多的回報。
- 當你和客人走進公司時，你一定不要忘記和員工打聲招呼或者點頭示意，並向客人介紹：「這是人力資源部的小王，這是財務部的小張……」
- 如果主管想要當面表揚一下員工以表達你的認可，你可以在姓名前面加上一定的修飾語，例如「這是我們最能幹的小王，這是我們公司最勤快的小張……」
- 與客人對話時，如果員工在場旁聽，你可以把員工也納入討論的人選，並不時詢問員工的意見。

案例　**利用你的更高主管**

如果你的員工表現得特別出眾，而且這一點已經獲得了其他員工的普遍認可。在這種情況下，主管為了表示企業對這樣員工高度的重視，可以考慮請自己的更高主管出面，讓總裁或者董事長親自向員工表示感謝，或者表示對他積極地工作態度的欣賞。

你可以請你的主管寫一封感謝信，在信中表達對員工取得優異成績的祝賀，同時鼓勵那名受表揚的員工要繼續發揚這種工作精神，以便在今後的工作中取得更優異的成績來展現自己的實力。

當員工收到這封信時，一定會格外激動，從而產生巨大的自豪感和成就感。而其他同事看到這樣的信時，會大大激發團隊的

工作積極性，在一定程度上擴大了獎勵範圍。

如果主管想要在全公司範圍內公開把受獎員工樹立為典型，以便鼓勵更多的員工向其學習，那麼你就應該把受獎員工的事蹟和總裁或者是董事長的表揚信公佈於眾，使員工獲得二次認可。

值得注意的是，由於總裁或董事長所寫的感謝信都非常正式，所以，這無形中提高了對書寫所用信紙的要求。因此，感謝信所用信紙必須是公司正式所用紙張，最好帶有公司的某種標誌，而且，總裁所寫的信一定要有他們的親筆署名，這樣才能夠發揮一封表揚信所應發揮的作用。

如果總裁或者董事長出差在外地，為了及時表達對員工的認可，你可以請求你的更高主管發一封電子郵件或打個電話給員工，同樣能夠達到獎勵的目的。

【專業指導】

- 更高領導層的獎勵代表著企業的重視程度已經達到了一定層級，而使員工感受最高層級認可的途徑唯有主管可以辦到。畢竟總裁或董事長沒有你更瞭解你的員工，而你是他們與員工之間的唯一橋樑。
- 如果你的員工表現得很出色，統計出名單，然後將他們的情況彙報給你的更高主管，並說出你的想法。
- 探討一下，看看採用那種獎勵方法。
- 如果決定採用感謝信的形式，你可以拿著感謝信親自去找員工，並把感謝信的內容讀給在場的員工聽，以示鼓勵。
- 如果你的主管決定親自去慰問一下你的員工，那再好不過了，當你把員工引見時，一定要著重介紹一下員工的工作業績，讓員工感受到來自你的重視。

◀))) 第二節　培訓教育是有效的獎勵方式

　　對員工進行培訓，是管理者的重要工作。日本的一些企業明文規定，企業領導有培養下級的責任，並將領導者是否有能力培養下級作為考查領導者是否稱職的重要指標。通過培訓，可以提高員工實現目標的能力，為員工承擔更大的責任、更富挑戰性的工作及提升到更重要的崗位創造條件。

　　培訓的意義不僅在於提高員工能力，而且培訓本身已成為一種十分有效的獎勵方式，其效果甚至不亞於漲薪、提高福利等物質激勵手段。北美洲一家知名保險公司曾有過下面一段經歷。

　　該公司實力雄厚，管理水準也比較高，卻一直存在著一個問題，員工隊伍不是很穩定，每年都有相當一部份員工跳槽。

　　後來，該公司的員工跳槽掀起了高潮，竟然佔到了員工總數的 25%。面對這樣的情形，公司老闆急了，停下所有工作，組織公司的精兵強將，調查員工跳槽的原因。

　　調查問卷上列出了以下幾條可能導致跳槽的原因。

　　是因為工資嗎？

　　是因為福利待遇不完善嗎？

　　是因為工作壓力太大嗎？

　　是因為管理過於嚴格嗎？

　　……

　　問卷表收回匯總後，提交到了董事會。董事們一看問卷表，

傻眼了。問卷表上所列的原因，幾乎全是一片空白。也就是說，25%的員工跳槽，原因根本不在於工資、待遇等問題。他們幾乎像是事先約好一樣，在提問欄之外的空白處寫出了跳槽的原因：「因為公司不為自己安排學習和培訓的機會！」

對於員工來說，自然希望能夠不斷提高自己的業務能力和素質，使自身有一個很好的發展。所以，管理者千萬不可忽視對員工的培訓。培訓能夠有效地激勵員工，培養員工對企業產生持久的歸屬感。

麥當勞就是這方面的典型。它的員工從計時員工到高級主管，都有屬於他們自身的職業生涯規劃，然後依據職業規劃制定不同的培訓計劃。這讓員工認識到公司是一視同仁的，進而激發他們愈加努力工作的熱情。麥當勞也為此付出了高昂的培訓代價，但每一位員工都得到了持續不斷的學習和成長，最終都成為國際型企業的優秀員工。

培訓是一種是十分有效的激勵方式，在麥當勞，培訓永遠是現在進行時。這為員工提供了成功的條件，也使麥當勞處在不斷發展的狀態之中。

從麥當勞的培訓經驗中我們可以看出，培訓是一種使員工儘快發展的有效手段，同時也是一種降低人才流失率的有效手段。激勵員工，留住人才，薪酬福利固然重要，但發展機會更加重要，管理者在激勵員工時就要讓其看到在未來的一兩年裏他可以到達什麼位置，取得什麼樣的成就，而兌現這些目標的方法就是企業開展的各種培訓。

第三節　懲罰只是手段，教育才是目的

美國管理學家小克勞德・喬治指出，處分的目的在於教育，而不在於懲罰。

懲罰只是手段，教育才是目的。在管理中，要是員工犯了錯，批評和懲罰是應該的。通過懲罰，可以達到規範員工行為、使員工在制度規範的約束下，集中精力工作。但是，懲罰並不是越嚴厲越好。嚴厲的懲罰不光會挫傷員工的工作積極性，而且很可能導致人才的流失，跑到競爭對手那裏去，弱己強敵。

某個公司裏一位員工因自己的改進建議沒有被採納，便私自按自己的想法做事，結果遭到了主管的訓斥，使得雙方無法交流工作。

總經理得知後，邀請這位員工談話。讓他先敘述事情的經過，在接下來的談話中，探討出了許多現行工作的不完善之處。

總經理以朋友式交流方式與這位員工對話，讓他的心裏獲得了極大的滿足，不滿情緒消失了，並承認自己做得也不對。總經理按照規定對其做出了處罰，同時承諾公司會改善工作流程。員工欣然接受，並積極配合主管的工作。

在必須處罰的前提下，不僅要留住人，更要留住心，關鍵是要從根本上解決問題。那位員工之所以愉快地接受處罰，最關鍵的是他認為不正確的問題得到了改進，證明他的意見被採納了，他的才能得到了肯定。在與總經理朋友式的溝通交談中，他自己

認識到自己做錯了（而不是他人指責他做錯了），他能不改嗎？這樣的解決是化消極為積極、化被動為主動、化處罰為獎勵。反之，員工要是被動消極地改正錯誤的話，就不會徹底地改，就有可能留下後遺症，隨時有可能反彈。這位總經理很好地避免了這一點。

一、懲教結合，從源頭杜絕錯誤

一個中國員工和一個日本員工同在一家公司打工，主管對日本員工說：「把桌子擦 6 遍。」日本人拿起抹布把桌子擦了 6 遍後說：「報告主管，桌子擦完 6 遍了。」主管又對中國員工說：「把桌子擦 6 遍。」中國員工說：「是。」拿起抹布就擦，擦 3 遍沒有問題，擦到第 4 遍的時候，心裏就開始嘀咕：「桌子擦 6 遍幹嘛？純粹是折騰人！」擦到第 5 遍的時候，就開始在心裏罵：「主管肯定有問題，要不然，桌子為什麼要擦 6 遍？」然後，扔下抹布揚長而去！

這是缺乏流程思維的表現，要想從源頭上杜絕錯誤的發生，就必須從改變錯誤觀念入手，儘管這是一件非常困難的事情。解決這一問題有三種方法。一是處罰，犯錯的人必須承擔責任、接受處罰，懲罰的目的是使犯錯的員工深刻認識到自己的錯誤及其危害性，不再重蹈覆轍。二是自我批評和反思，當員工犯錯之後，管理者還必須有意識地對員工進行教育，幫助其認識到錯誤所在。第三，也是最重要的，流程制定之後，需要通過教育和訓練來強化，否則就會流於形式。優秀的企業管理者，往往會在流程制定的過程中就開始對員工進行教育和強化；反之，不合格的管理者，總是在出現錯誤後，才想起要對員工進行流程培訓。這就

是「懲教結合」的思想。

　　許多管理者未能把懲罰的過程看做是一個連續而又必要的整體，常常懲罰完了就了事。顯然，這種方式不會產生良好的結果。懲教結合的原則要求管理者把懲罰前、懲罰中、懲罰後的工作，作為一個完整過程。實行懲罰，必須依據事先制訂好的公佈於眾的規則。任何懲罰都必須「有言在先」，不教而誅，不但受罰者會感到冤屈，眾人也會不服。如果事前沒有教育，或沒有說清，懲罰就沒有基礎和前提。

　　懲罰過程中，管理者也要進行細緻的思想教育工作，要力爭做到態度既嚴肅又誠懇，道理既明瞭又實在，使員工心服口服。管理者態度嚴肅，能引起受罰者對自己不良行為的重視；態度誠懇，能使受罰者感到管理者是與人為善，有利於受罰者改正錯誤。

　　懲罰之後，要切實使受罰者認識到自己的錯誤所在及其危害，並幫助員工樹立改正錯誤、繼續前進的目標。

　　任何懲罰都不會像獎勵那樣，給員工帶來興奮和愉悅，受罰者必然會羞愧、煩惱。這時候，員工最希望有人在思想上進行解惑。特別是上進心很強的員工，如果因為過失而受到懲罰，心理的不平衡更會加劇。如果不能及時疏導，就可能出現過激行為。所以，實施懲罰的同時，管理者必須進行必要的教育。好的管理者應該坦然接受員工的解釋，給員工解釋的時間，仔細聆聽，然後告訴員工問題所在以及解決的辦法。

二、懲罰也能變為獎勵

　　懲罰是手段，不是目的，目的是為了激勵員工，激發員工的

積極性。現實生活中經常會出現這種情況，當員工抱怨管理者為什麼對自己這麼苛刻時，管理者往往會說：「我之所以對你這麼嚴格，是因為對你抱有期望，否則我才不費這心呢！」

耕柱是墨子眾多學生中的得意門生。但是墨子經常責罵耕柱。耕柱非常委屈，大家都公認自己最優秀，但墨子常常指責他，讓他感到十分沒面子。

墨子又一次批評他時，耕柱終於忍不住了：「老師，您老人家總是責罵我，難道我真的很差勁嗎？」

墨子沒有正面回答弟子的提問。而是心平氣和地問他：「如果我現在要上太行山，我應該用良馬拉車，還是用老牛來拖車？」

耕柱回答說：「當然要用良馬了。」

墨子又問：「為什麼不用老牛呢？」

耕柱回答說：「理由非常簡單，因為良馬能夠擔當重任。」

此時，墨子開導弟子說：「你說得對，這就是我時常責罵你的緣故了。」

墨子接著說：「你是能夠擔負重任的人，所以才值得我一再教導。」

耕柱聽後，不滿之情頓時消失得無影無蹤，原來他誤解老師了。從此，耕柱更加勤奮。

即使最有涵養的人，也不喜歡別人指出他做錯了事。帶著期望去懲罰，就能讓下屬心悅誠服地接受懲罰，讓員工明白管理者是為了自己好才進行懲罰的。不僅如此，只要管理者能夠大膽運用創新思維，懲罰完全可以變得和獎勵一樣激勵人，甚至比獎勵還要積極有效。管理的藝術，就在於化一切被動因素為積極因素，把懲罰變成激勵。

　　著名的點擊公司，有一項別出心裁的懲罰條例：將犯錯誤的員工調至與本職工作毫不相關的崗位。公司將這一舉措稱為「受罰席」。點擊公司的首席執行官保羅認為，偶爾經歷重大挫折能夠激發員工的工作熱情。讓那些犯錯誤的程序員和銷售員互換位置。雙方都會感覺到不適應，程序員喜歡研究不擅長交際，而銷售員喜歡與人侃侃而談，絕對不能忍受長時間的靜坐。一段時間後雙方都會覺得還是自己的工作好，在他們回到自己的工作崗位後會非常認真地做事。

　　但是，保羅卻從這種「懲罰」中看到了積極的一面——為這些與世隔絕的程序員提供一些新經驗，並拓寬他們的工作責任。事實證明，確實有一些程序員承認這種「懲罰」的價值。大衛就坦言，當自己被迫去打銷售電話時，他獲得了一些有關顧客方面的很有價值的信息。他說，儘管有時顧客的要求過於挑剔，但也不乏一些很好的想法，完全可以付諸實踐。

案例　辦公室內的運動

　　辦公室內的職員，經常久坐工作，頭處於前屈位，頸部血管輕度屈曲或受壓，以致流向腦部的血流受到限制，造成大腦的氧和營養供應不足，易引起頭昏、乏力、失眠、記憶力減退等症狀。

　　伏案久坐，胸部得不到充分擴展，心肺的正常功能得不到很好的發揮，使患心臟病和肺部疾病的機會增多，動脈粥樣硬化、高血壓、冠心病更易光顧。久坐不利於下肢靜脈血的回流，直腸附近的靜脈叢經常淤血，是痔瘡形成的根源。久坐還使腹部肌肉

鬆弛，腹腔血液供應減少，胃腸蠕動減慢，各種消化液的分泌減少，從而引起食慾不振、腹脹、便秘等。

以上是醫學專家對辦公室內員工久坐不動所產生的弊端的精確描述，為了表達你對員工工作的認可和對員工健康的關注，你可以鼓勵辦公室內的員工在感覺到勞累導致的不適後，或者在平日工作時間裏，因地制宜做一些運動，以達到獎勵員工的目的。

這樣的獎勵措施不但可以讓員工保持健康的體魄，還能讓員工保持一個良好的工作狀態，從而提高工作的效率。

【專業指導】

- 經常到員工的辦公室中走一走，看一看。如果發現員工由於久坐產生身體不適而在座位上左晃右晃時，鼓勵那名員工以及其他員工起來做一些運動，例如俯臥撐，前後搖臂，頸部晃動，或者原地跑步等，幾分鐘後當你看到員工似乎已經緩解了不適，再讓員工繼續工作。
- 考慮為員工的辦公室中購置一些可以運動器械，例如拉力器、臂力器等，當然最好是一台跑步機。
- 經常組織辦公室的員工集體到室外最一些運動，例如廣播體操，這樣就可以緩解員工的疲勞感。

心得欄 _____

_____

_____

_____

_____

案例　給員工配輛通勤車

如果企業的辦公地點離市區有一定的距離，且員工每天上下班都要乘坐如公車之類的公共交通工具，那麼主管可以根據自身企業規模來考慮為員工配一輛或者多輛通勤車，方便員工上下班，以達到獎勵員工的目的。

通勤車指企業接送員工上下班的班車，不以盈利為目的，通常有固定的時間和行駛路線，主要是為了方便職工上下班，一般以大客車為主。

對於企業來說，尤其是對於那些剛剛發展起來的中小公司來說，為員工配備通勤車是一項非常不錯的獎勵措施。它可以使員工們不用在上班、下班的高峰期擠公車，解決由此產生的上班遲到等問題，幫助員工緩解生活環境所帶來的壓力。員工每天乘坐公共交通工具上下班會加重自己的疲勞感，不利於集中主要精力進行工作生活，而且這造成員工嚴重的時間浪費。例如，如果企業所在地離公交站點較遠，或者員工必須在中途換乘其他路線的公車，那麼員工的大部份時間就全部浪費在了公車上。

如果企業為員工配備通勤車，那麼員工每天上班時不用到公交站點，只需在家門口上車，更不用擔心會遲到。下班後也不用步行很久去公交站點，可以直接從辦公室樓下上車就可以直接回家，極大地方便了員工的生活。

為員工配備通勤車是企業對員工們的關懷，更是對員工們的一種鼓勵。在多數企業中，配備通勤車已經成為一項長期的福利待遇。特別是一些大公司和生產勞動密集型單位更是如此，所以，

主管不如儘快實施這項獎勵計劃。

【專業指導】

- 讓員工的上下班更方便，也就是讓員工的工作更順利。一個迅速發展中的公司，缺少不了通勤車這樣的福利待遇。

- 在網上搜索通勤車的車型及報價，然後打電話給經銷商詢問一些夠買具體事宜。

- 企業配備通勤車一定要根據企業實際的財力而定，不可盲目攀比，造成資源浪費。

- 你也可以上網搜索一下專業租賃通勤車的公司，然後與其商討租賃事宜。

- 現在，越來越多的公司開始考慮「通勤車外包」的方式，讓專業的通勤公司來負責員工日常通勤，這樣可以節約企業的精力。

- 如果你決定購買通勤車，那麼你一定要在網上公開招聘技術好的司機。同時你應該有所瞭解，那就是法律對通勤車司機的資格是有比較高的要求的。例如駕駛 19 座以上車輛的司機必須持有 A1(大型客車)駕照，以及道路經營許可證。駕駛 7 座以上 19 座以下的司機必須持有 B1(中型客車)的駕照。為了員工的安全，你必須嚴格要求。

- 召開一個職工大會，對全體員工過去的工作貢獻表示感謝，然後宣佈你的企業從此有自己的通勤車。

第 *6* 章

利用員工持股來激勵員工

（播放圖示） 第一節　革命性的員工持股計劃

　　為了激發員工的創造性，股份分配機制是一項重要手段，這樣的機制同時也是競爭和搶奪人才的一項重要手段。在企業管理激勵走過風風雨雨，員工持股激勵和股票期權激勵在眾多的、人們使用過或正在使用的激勵方式中脫穎而出，一枝獨秀，為眾多的企業界人士所推崇和青睞。

一、解析員工持股（ESOP）

　　員工持股計劃(ESOP，Employee Stock Ownership Plans)始於上世紀 50 年代末 60 年代初的美國。當時美國就業率下降，勞資關係緊張，為了改善勞資雙方的對立，重振美國經濟，便探索出了這一新制度。員工持股的基本哲學思想是企業員工有權分享

自己的勞動果實，並有權利參與到企業內部的管理，即「企業財富是員工創造的，企業利潤首先要回報員工」。

員工持股計劃的主要內容是：企業成立一個專門的員工持股信託基金會，基金會由企業全面擔保，貸款認購企業的股票。企業每年按一定比例提取出工資總額的一部份，投入到員工持股信託基金會，以償還貸款。當貸款還清後，該基金會根據員工相應的工資水準或勞動貢獻的大小，把股票分配到每個員工的「員工持股計劃帳戶」上。員工離開企業或退休，可將股票賣給員工持股信託基金會。

這一做法實際上是把員工提供的勞動作為享有企業股權的依據。現在，ESOP 已成為西方員工持股計劃的典型，雖然它也是眾多福利計劃的一種，但與一般福利計劃不同的是：它不向員工保證提供某種固定收益或福利待遇，而是將員工的收益與其對企業的股權投資相聯繫，從而將員工個人的利益同企業的效益、管理和員工自身的努力等因素結合起來，因此帶有明顯激勵成份。

ESOP＋靈活福利：造就美國最適宜工作的公司

美國著名的《財富》雜誌，從 1998 年開始，進行一年一度的「美國最適宜工作的 120 家公司」的評選活動。他們從參選的美國 1000 多家大中型公司中挑選出 295 家進入最後一輪評選，對這些公司工作的 2.7 萬名員工進行調查。調查發現，許多公司都像分發獎券一樣，向從總裁到停車場管理員等各類員工提供認股權，使員工得到豐厚報酬。這一次評選出來的美國最適宜工作的 100 家公司中，上市公司為 66 家，其中有 28 家公司向所有員工發給認股權。

美國這些「適宜工作」的公司的一個最大特點是，在給員工

提供認股權的同時，還輔以其他福利手段，從而極大地激勵了員工，形成對員工強大的凝聚力。

費尼克斯金融創新集團的員工一經聘用就得到 500 份認股權，而其子女可獲得 3000 美元的大學學費，公司還給員工提供一些雜項服務和公司內部的免費按摩。第一田納西銀行給所有雇員認股權，91%的雇員都按彈性時間表上班，每個員工由於公司控制權的變動而被解聘時都會得到相當於一年薪水的補償。

著名的英代爾公司對員工進行嚴格的培訓，要求員工總能突破自我，當然報酬也很豐厚，給員工認股權、利潤分享、績效獎金以及各種嘉獎；員工們每 7 年可享受 8 個星期的帶薪假期，到 1998 年有 2000 多名員工享受到了這種休假。

員工持股的普遍推行，使員工與公司的利益融為一體，與公司風雨同舟，對公司前途充滿信心，公司因而獲得超常發展，員工也從持股中得到了巨大和利益。

二、員工持股的激勵作用

員工持股計劃的發展已越來越趨於國際化，美國已有超過一萬多家員工持股的公司，遍佈各行各業，日本上市公司中的絕大部份也實行了員工持股。現在，歐洲、亞洲、拉美和非洲已有 50 多個國家推行員工持股計劃。

員工持股計劃的激勵作用主要體現在以下幾個方面：

⑴**為員工提供保障**

由於員工持股計劃的實施，員工可以從企業得到勞動、生活的保障，在退休時可以老有所養，同時員工也會以企業為家，安

心工作，充分發揮自身的積極性。

⑵有利於留住人才

勞動力的流動日益頻繁，但人力資源的配置存在著很大的自發性和無序性，而且勞動力技術水準越高，人才的流動性也越大。實行員工持股計劃，可能有效地解決人才流失的問題。當員工和企業以產權的關係維繫在一起的時候，員工自然會主動參與企業的生產經營。在員工的參與下，企業精神、企業文化才可以得到真正形成，員工都會將所從事的工作作為自己的一份事業。

⑶有助於激勵企業經營者

實行員工持股計劃，更為重要的是，讓經理層持有較大的股份，既有利於企業實現產權多元化，又有利於充分激發企業骨幹的積極性。公司還可以實行期股制度，進一步獎勵經理的工作，這樣也就解決了對企業經營者激勵的問題。

員工持股的普遍推行，使員工與公司的利益融為一體，與公司風雨同舟，對公司前途充滿信心，公司因獲得超常發展，員工也從持股中得到了巨大的利益。通過員工持股計劃更有利於激發員工工作的積極性，增強員工的歸屬感，增強企業的凝聚力，吸引人才，降低人員流動性，從而提高企業效益。

三、如何實施員工持股計劃

對於一個欲實施員工持股計劃的企業來說，遵循哪些步驟來進行計劃，每一步驟需要解決哪些關鍵問題是必須瞭解的。因為 ESOP 在不同的環境中的實施會有不同的規定和不同的做法，因此尋求一個一成不變的程式是不現實的。但是觀察多年來西方實施

ESOP 的過程，總結一些通用的原則卻是十分有意義的。下面為企業實施一項 ESOP 所應該注意的幾個步驟。

1. 確定是否所有的股東都同意這項計劃

因為即使當大股東願意進行一項 ESOP，出售自己的股份，也不能保證其他所有的股東都樂意拿出他的股份，若如此，在進行這項計劃中會遇到大量的麻煩。

2. 進行一項可行性研究

可行性研究通常可以採取某種由外部諮詢顧問來完成的詳細的、全面的研究，包括市場調查、管理層調查、財務工程等，或者也可採取一些較為詳細的內部商業計劃的形式。但是不管哪一種形式，通常都必須仔細考慮以下幾個問題：

首先，公司未來有多少富餘的現金流量可以捐贈給 ESOP，是否能夠滿足實施 ESOP 的需要；其次，公司必須考慮員工薪水的適當水準以保證給予 ESOP 的捐贈是可以獲得稅收減免優惠的；第三，公司需要考慮其回購義務是怎樣的，應該怎樣處理。

3. 進行精確的價值評估

對於一個上市公司來說，可行性研究中使用的數據一般來說都是比較準確的，因此實施 ESOP 的價值有比較正確的估計；但是對於私人公司來說，在實施 ESOP 前進準確的價值評估則是十分關鍵的。價值低估，所有者不願意；價值高估了，顯然員工不會有購買力。因此如何尋求一個合理的定價是需要認真考慮的。

4. 聘請 ESOP 專業諮詢顧問機構

通常在前幾個步驟中，企業都需要尋求專業諮詢機構的幫助，但是如果企業自身具有完成這些任務的能力，並且得出的結論又是積極樂觀的，那麼現在就是需要製作材料申報的時候了，

而此時專業諮詢顧問機構的介入則是十分必要的，因為他們具有企業所不具有的綜合專業知識和協調多方關係的能力，可以幫助企業成功順利地實施理想中的計劃。

5.獲得實施 ESOP 的資金

ESOP 可以有多種籌資管道。首先，ESOP 可以向銀行借款，當然一些大型 ESOP 會涉及到發行債券以及向保險公司借款等；第二個管道是企業捐贈，並且是用於償還貸款以外的部份；第三，現有一些福利計劃也是可行的管道，主要是一些利潤分享計劃；最後，員工自己也是考慮的管道，包括員工的工資和一些福利讓步。

6.建立一套運行 ESOP 計劃的程序

對於建立一套程序來說，基金的託管人至關重要。對於小公司來說，通常選擇公司內部組織來完成，而對於一些大的公眾公司來說，比較傾向於選擇外部的託管人來管理信託基金。另外企業的 ESOP 委員會也是需要的，以對整個計劃進行管理。

四、員工持股計劃的融資

在籌措員工持股計劃所需的資金過程中，企業管理者可以與商業銀行一道，執行一個員工持股計劃融資方案(如圖 6-1-1)。

下面結合員工持股計劃融資方案圖介紹一下員工持股的融資過程。

⑴銀行或資產經營公司將資金貸給有資格的、合法的員工持股計劃信託委員會(簡稱員工持股會)

這種信託在正常情況下包括公司所有員在在內。在支付每個人的融資費用期間，每個員工通過員工持股計劃方法獲得的股票

收益應與員工所付的年補償金成比例。正常情況下，員工持股計劃信託委員會由 3～5 人組成，由董事會任命，負責管理信託資金。委員會成員可以包括一個或一個以上的普通員工。

圖 6-1-1　員工持股計劃融資圖

⑵員工持股會用貸款按股市現值購買公司新近發行的股票

如果股票非公開上市，則按法律規定，根據專家評估的公開價格成交。

⑶員工持股會交給銀行貸款借據

這個借據可以用也可以不用股票作抵押來擔保。如果用股票作擔保，則隨每一次分期還款的多少而逐步拿回多少股票。拿回的股票被分配到或暫時分配到每一個參與者的帳戶上。公司通過向員工持股會支付足夠款項的辦法為歸還貸款作出擔保。如果債務是公司自身直接責任的話，貸款可以用公司和放款人同意的任何方法來擔保。

⑷投資銀行設計所有的貸款條件

公司和員工持股會託付投資銀行設計所有的貸款條件，確保員工持股計劃購買的股票的收入在稅前分期攤提融資的本金和利息，並且確保在員工持股計劃向員工支付股利之前，能夠很快恢復其他股東的暫時的資產沖淡。

⑸**銀行給予員工持股計劃融資比較高的資格等級**

這是因為公司有稅前還本金和利息的能力，並且有在同步融資中獲利的能力。同步融資減少了資本購置費用，部份原因是員工持股計劃能得到公司的稅前所得，員工持股計劃節省了員工和員工的社會保險稅，並將之用於支付員工們通過員工持股計劃所購買的股票費用。此外，員工持股計劃用同一投資來支付員工的股票費用，既為公司買下了資產和儲蓄稅，又推遲了

員工的收入稅繳納。雇員持股計劃也使公司避免了為員工的退休金或利潤共用計劃而耗費不必要的費用去購買效益低的二手證券，這些證券對雇主沒有什麼好處，對員工來說，即使有好處也很少。最後，員工持股計劃按信託資產價值給予退休或離職員工的資本獲益價值將超過購買股票的成本價值。

⑹**推遲交納員工持股計劃的股票而獲提的收入所得稅**

從員工持股計劃開始支付員工們的股票收入的時間起，推遲交納員工持股計劃的股票而獲提的收入所得稅，直到員工退休或離職為止。這樣，當公司通過適當設計為它的員工們所擁有時，以及公司利用員工持股計劃為它自身發展而提供融資時，公司和它的員工們利用公司資金的效率要比在傳統的內部融資的方式下的效益高幾倍。

當公司同步地、自動地為自身發展而融資時，它增強了員工資本收入能力，使他們走上終身雇傭的道路。商業借貸人應對這些方面問題有敏感性，這是一個金融企業的固有職能。管理當局也應鼓勵這種意識。

⑺**定期向員工持股信託會支付金額**

公司向借貸人保證它將定期向員工持股信託會支付金額，足以使信託會能夠分期支付它的債務。

在法律規定的限期內，這樣的費用是可從公司收入稅中扣減的。因此，借貸人不但具有公司支持貸款償付的一般信用，還具有貸款將被稅前支付的額外保證。公司給予信託基金會的每股稅收回報將在員工持股計劃的債務期限內償清融資債務。因此，一般情況下，不存在現有股東權益沖淡問題。如果在員工持股計劃融資和員工持股計劃投資銀行業務準則不一致情況下股東權益沖淡問題出現的話，它可能也僅僅是暫時的，一年或兩年之後，公司的擴展可使所有股東受益。且員工持股計劃融資債務償還以後，除非大部份公司股票通過員工持股計劃為公司員工所擁有，員工持股計劃的參與者將收到和其他股東同樣比例的股利分紅。

⑻**公司定期根據員工的個人工資收入的比例大小給員工支付股票**

公司通過員工持股計劃信託購買這種特別的股票，員工們在數年時間內可以固定價格購買不斷增長的公司股票，而不需要用自己的存款或從工資收入中扣除，更不需要經紀人或其他手續費。股票的價值就成為每個員工的現行儲蓄。

⑼**融資結束，貸款償還後，員工們開始享用股票帶來的益處**

他們有股票表決權，除非員工持股計劃信託會為了適應借貸人提出的臨時條件，或員工持股計劃信託會的條款，給員工們作出其他方面的默認，信託會可以允許員工在離職、傷殘或從公司退休時，按照已定的條款，從信託會中以現金提取或其他形式退股。然而，恰當地設計員工持股計劃和信託會，使得通過融資過程購買來的、分配到每個員工帳戶上的股票的股利收入能夠支付

購買股票的費用或分配給員工作為他們的資本工資。

⑽**公司股票的轉化**

員工經員工持股會買下股票且付清貸款等費用以後，若員工持股會同意，公司的股票可以被轉化，也可以進行其他合適的投資活動。

通常情況下，在那些通過員工持股計劃全部地或主要地被員工所擁有的公司裏，當員工退休或終止雇傭時，員工持股計劃和公司就為員工持股計劃融資的股票起著內部股票市場的作用。這為他們轉換股票提供了方便，也使員工持股計劃能將公司的所有權在一代又一代的公司員工手中傳遞著，並使管理層能像傳統做法那樣挑選它的接班人。

一旦員工持股計劃被建立起來，公司的資產增加，至少大部份應通過它來融資，並結合每個公司的實際情況來執行。員工持股計劃讓公司的管理者充分激發了員工的潛力，並且使每個員工能掙得豐厚的收入甚至成為富翁。

 案例　在每個辦公室設立便貼欄

便利貼是辦公室中除了便簽紙外最常用的小物件了，它也是主管可以利用的獎勵工具，你只需在每個辦公室靠近門口的牆上安放一塊白色塑膠板，就能達到認可員工的目的。

便利貼的個頭很小作用卻很大，主管若是瞭解它的由來，相比更會對它施以重任。

主管可以把你要感謝員工、鼓勵員工的話寫到便利貼上，然

後把它貼到辦公室門前設置的便貼欄上，達到公開認同的效果。

　　之所以要設立塑膠板，是因為便貼體積小，如果隨意亂貼會造成環境衛生上的負擔，同時也達不到公開認同的目的。

　　在寫感謝語的時候，主管要注意儘量簡潔明瞭，不需要長篇大論的追求語言的華麗和辭藻的繁盛，以免讓人產生做作的感覺。另外，開頭寫上員工名字，結尾署上自己名字，這是必不可少的步驟，切不能忘記。

　　當員工看到自己的辦公室便貼欄裏居然會出現主管親筆書寫的感謝條時，相信員工一定會非常開心，同時也能感受到來自你的鼓勵與支持。當其他員工看到你的表揚時，也會表現出極大的興趣，可以有效激發員工的工作積極性。

　　一個便利貼雖小，獎勵的作用卻是十分明顯。

【專業指導】

- 一個常常通知事情的便貼欄裏居然會出現主管表揚員工的便利貼，那名受獎勵的員工就這樣被所有的同事所關注。成就感自然會使員工感到興奮，也必然會更加努力地工作來回饋你的認同。

- 收集各種類型的便利貼，最好找一些橙黃色等溫馨顏色的便利貼，或者卡通形狀的便利貼來實施你的計劃，因為員工更喜歡這樣可愛的便利貼出現在便貼欄中。

- 在便利貼上寫完感謝的話後，待到員工都下班時，你再前往員工的辦公室，在前面的便貼欄上悄悄地貼上，以便第二天給員工一個驚喜。

- 你也可以在員工上班時，到員工的辦公室對員工進行公開的表揚，然後在離開時隨手把便利貼貼到欄上裏。

· 設立便貼欄還有一個好處，那就是可以讓員工記錄一些瑣
　碎的事情，而且可以隨時貼，隨時拿下來，非常方便辦公
　使用。

案例　創辦企業刊物

　　如果你的企業尚未擁有一份屬於自己的企業內部刊物，那麼
主管就應該立即著手去創辦這樣一份刊物。你不但可以利用這種
內部刊物認可和獎勵你的員工，還可以利用它宣傳企業的政策，
建立一種積極向上的企業文化。

　　內刊的主要作用是宣傳企業在發展變化過程中的政策、措施
以及一些新聞等，但它有一個非常重要的輔助作用，就是可以被
用來認可和獎勵你的員工。主管可以在內刊中專門劃分出一塊專
欄用於刊登員工感人的事蹟或者公示優異的業績，以及管理層對
員工的表揚和讚賞，當然也可以配發一些員工的照片或者同事對
他們的評價。

　　隨著刊物內容的傳播，員工的成就感、榮譽感、自豪感等等
都會伴隨著公開的表彰而獲得。當然，這種公開要有一定的時間
要求，就是在內刊發行前一定要對內刊中表揚員工的人選和內容
進行嚴格的保密，以免提前洩露降低宣傳效果。

　　創辦內刊是獎勵和認可員工的好辦法，但首先，主管要對內
刊的創辦要求進行瞭解，先介紹如下，僅做主管參考所用：

　　首先，要瞭解制訂內刊最主要的目的。

　　企業內刊是由企業內部員工策劃、組稿、進行版面設計等完

成，而這不光是給內部的同事欣賞，更重要的，也是對外的很好的宣傳視窗。

其次，企業內刊是企業文化很重要的一部份。

企業內刊是發揮員工才幹，傾聽員工心聲的一個很好的載體。一個好的完整的內部報刊啟動計劃包括每期的重點宣傳內容，所宣傳知識積極向上、正確，能引導員工朝著進步的方向走。除重點宣傳內容外，其他版本同樣需要做好規劃，擬訂每個版塊所應反映的主題，例如晨鐘暮鼓、員工心曲等(這些可以根據所需而制訂，也可借鑑社會上辦得較好的雜誌，報刊)。

內刊制訂前需要瞭解公司高層的意圖，需要鼓勵內部員工多投稿，多寫建設性的建議，同步實施一些獎勵性措施；

可以每個部門設立一名通訊員，進行組稿與撰稿；可以定期討論一下有關議題是否合適；可以安排一至兩名員工在工作之餘做新聞調查，及時將公司各類動態形成文字等等。

在首期報刊發行後，積極聽取公司高層的意見；及時瞭解在員工中產生的反響，搜集各類建議；召集各通訊員溝通，對第一期刊物的感想及對以後的設想；另外，在版面設計等方面予以进一步改進以持續其長久性。

【專業指導】

- 內刊的宣傳效果可以說是在所有獎勵措施中名列前茅的，這種正式的認可如果說能夠配上物質上的獎勵，效果會更加明顯，而且如果形成長效的機制，定可有效激勵員工。使他們發揮自己的最大價值，來為企業創造更多的利潤回報。

- 與你的部屬開會研究一下創辦內刊的具體事宜，然後抓緊

落實實施。

- 至於是選擇發行電子版的內刊還是印刷版的內刊，要根據企業的實際特點和管理層的綜合意見而定，要想起到最大的宣傳效果，最好採用印刷版的內刊，因為有的員工工作時是不配備電腦的。

- 搜集員工的照片，然後考察員工在工作中的表現，如果發現員工表現得非常出色，那麼你可以讓編輯人員寫一篇讚美員工的文章，再配發你親自寫的表揚信刊登到內刊的專欄裏。

- 將這樣的內刊按科室發送，當然，一次表揚可以出現在連續的多期內刊中，以示管理層的重視。

🔊))) 第二節　員工持股，利潤共用

企業可以通過適當的手段來刺激員工，滿足員工最基本的生存需要，也可以採取各種措施讓員工分享企業利潤，如員工持股計劃。員工持股計劃是指企業內部員工出資認購本公司部份股權，委託員工持股會作為社團法人進行集中運行管理，員工持股委員會作為社團法人進入董事會。

員工持股計劃不僅可以喚起人們對慾望目標的嚮往和追求，還能激發員工的上進心，促進員工對自身社會價值的認識，讓員工在辛勤工作中既為企業的成長驕傲，又可以帶來自身財富的增長，從而激發員工的工作積極性。

　　1997 年，戴姆勒－賓士股份公司執委會裏負責人事的機構打算把向員工發放企業盈利股票、員工股票、刺激個人的積極性這三者融為一體。

　　根據盈利情況直接向員工發放企業盈利股票，這在賓士公司還是第一次。如果公司 1997 年的結算被計算出來的話，那麼公司全體員工 1998 年春天將得到一筆特殊的支付。前提是企業盈利至少達 15 億馬克，這些盈利可以使每個員工得到額外的收入。

　　企業的盈利股票取決於年終結算，這一新的規定是 1997 年 6 月由企業和員工代表委員會共同商定的。

　　企業效益好，向員工發的盈利股票就多。如果企業管理不好，那麼發給員工的股票就少，情況嚴重時甚至一點也不發。這樣一來，除了使員工們感到自己同企業息息相關之外，還可以促使更多的員工關心美元匯率變化，美元匯率對出口強勁的賓士公司的運行狀況有重大影響。

　　除了新實行的盈利股票外，20 多年來賓士公司的員工們也可以購買員工股票。每年有 40%～50%的有購買股票權的人利用這種權利，賓士公司對這個比例是滿意的。如果誰從一開始就履行了認購股票權利的話，那麼他在投資 1.5 萬馬克的情況下，1997 年就可以自豪地得到價值 4.5 萬馬克的巨額股份（還不包括股息在內）。這就是說，他額外得到了紅利。

　　據估計，目前比較多的員工是處在這種幸運的形勢之下。據執委會觀察，這些員工把自己的股份視為存錢罐，而不是到期後就得儘快變成現錢的有價證券。由於收益好，1996 年企業把每年的認股權從 10 股提高到 30 股。認購的股票越多，得到的補貼越多，每股最高可達 450 馬克。

賓士公司實行的盈利股票和員工股票的做法是增強員工同企業息息相關意識的兩個手段。這兩個手段起到互補作用。一年的盈利股票由於是當年支付紅利，因此起著短時間的刺激作用。而員工股票是對企業的投資，多數是長期的。這樣的投資促使員工關注股票行情，他們會因為股票行情的變化而擔憂或高興。如何實施員工持股計劃？

一、員工籌錢認股的方法

1.內部員工持股原則上通過增資擴股方式設立，由員工出資認購股份。讓員工自己出資購買股權，可以避免爭議和相互攀比，並排除阻力，還可以簡化各種手續，節約時間，儘快將員工持股付諸行動。

2.由公司非員工股東擔保，向銀行或資產經營公司貸款購股。

3.可將公司公益金劃為專項資金借給員工購股。

二、員工持股計劃的融資過程

1.銀行或資產經營公司將資金貸給有資格的、合法的員工持股計劃信託委員會（簡稱員工持股會）。這種信託在正常情況下包括公司所有員工在內。在支付每個人的融資費用期間，每個員工通過員工持股計劃獲得的股票的收益應與員工所付的年補償金成比例。

2.員工持股會用貸款按股市現值購買公司新近發行的股票。如果股票非公開上市，則按法律規定，根據專家評估的公開價格

成交。

3.員工持股會交給銀行貸款借據。這個借據可以用也可以不用股票作抵押擔保。如果用股票作擔保，則隨每一次分期還款的多少而逐步拿回多少股票。拿回的股票被分配到或暫時分配到每一個參與者的帳戶上。

4.公司和員工持股會託付投資銀行設計所有的貸款條件，確保員工按持股計劃購買的股票的收入在稅前分期攤提融資的本金和利息，並且確保在員工持股計劃向員工股東支付股利之前，能夠很快恢復其他股東的暫時的資產沖淡。

5.銀行給予員工持股計劃融資比較高的資格等級。這是因為公司有稅前還貸本金和利息的能力，並有同步融資中獲利的能力。

6.從員工持股計劃開始支付員工的股票收入的時間起，推遲交納員工因持股計劃的股票而獲得的收入所得稅，直到員工退休或離職為止。

7.公司向借貸人保證它將定期向員工持股信託會支付金額，足以使信託會能夠分期支付它的債務。

8.公司定期據員工個人工資收入比例大小給員工支付股票。

9.融資結束，貸款償還後，員工們開始享用股票帶來的益處。

10.員工經員工持股會買下股票且付清貸款等費用以後，若員工持股會同意，公司的股票可以被轉化，也可以進行其他合適的投資活動。

一旦員工持股計劃被建立起來，公司的資產就會增加。員工持股計劃讓公司的管理者充分激發了員工的潛力，並且使每個員工能掙得豐厚的收入甚至成為富翁。

第三節 ESOP 在實踐中的運用舉例

　　員工持股計劃的實施在實踐中有許多不同形式，利用它來激勵員工在實際中也有一些技巧。下面列出利用 ESOP 激勵員工比較成功的公司的案例，作為企業在實施這一激勵措施時的參考。

一、美國西北航空公司

　　西北航空公司是美國第三大航空公司，也是世界著名的航空公司，職工人數 3 萬多人，主要經營美國——日本航線。1990 年代初，美國政府解除了對航空業的管制，取消補貼，放開價格加上新的航空公司增加過多，油價上漲，航空業普遍虧損。從 1990 年～1993 年，虧損額超過了前 20 年美國航空業盈利總額，而西北航空公司虧損最為嚴重，資產負債率達到 100%。由於債務負擔沉重，企業的淨收入逐年下降，到 1993 年只有 1.6 億多美元，不算正常成本利息支出，本金償還就達 3.3 億美元。在這種情況下，公司本可以申請破產保護，但考慮到大批飛行員、技師和空姐面臨失業，債權銀行損失巨大，加上日本等東方國家對破產難以接受，同時也影響正常營業，所以希望過重整來挽救已經資不抵債的公司。

　　經股東、員工和債權人員間多次協商，最後達成重整協議。

　　1.四家大出資人(原購買公司的股東、荷蘭皇家公司、澳大利

亞的持股股東和債權銀行)同意再貸款 2.5 億美元給公司,一年後償還;

2.已欠的 2.67 億美元債務延期 1 年;

3.價值 7000 萬美元的購物款停止支付 1 年;

4.取消已訂物資的訂單。

該重整協議實施後並未使公司擺脫困境。據 1993 年 1 月統計,公司負債仍達 47.16 億美元,1994 年又面臨還債高峰,形勢十分危急。為避免公司破產,股東、債權人和三個工會(飛行員工會、技師工會、空姐工會)經過激烈談判,在相互妥協的基礎上決定實行職工持股計劃。具體做法是:職工同意以 3 年內自動降低工資的方式償還公司債務,換取公司 30%的股權,5 年~6 年內獲得 55%的股份。具體減資比例如表 6-3-1:

表 6-3-1　西北航空公司的減資情況

年工資 1.5～2 萬美元的員工	減資 5%
年工資 2～3.5 萬美元的員工	減資 10%
年工資 3.5～6.5 萬美元的員工	減資 15%
年工資 6.5 萬美元以上的員工	減資 20%

按照此比例 3 年內減資約 10 億美元。由此公司的股本結構發生了變化,股本構成是:

表 6-3-2　減資後西北航空公司的股本結構

公司原購買入	職工	荷蘭皇家公司	債權銀行	BIUM 公司
31.5%	30%	14%	17.5%	7%

在 30%的職工股份中,飛行員持股 42.6%,技工持股占 39%,

空姐持股占 9%；其他地勤人員持股 9.4%。談判中職工提出的條件
有兩個：一是債權人重新確定還債年限，把還債高峰由 1993 年推
移到 1997 年～2003 年；二是 2003 年償清債務後，若職工想出售
股票，公司有義務全部回購，而且職工購買的股票為優先股，年
紅利為 5%，當股價上漲時，方可轉為普通股。當然相對應的條件
是公司在 2003 年之前可隨時收回職工股，但必須提前 60～90 天
通知職工。

　　員工股的投票權由員工持股信託基金會代理行使，員工持股
會每年向員工通報已擁有多少股份、股票市價多少，每當召開股
東大會前，託管機構把股東大會上要表決的問題發到職工手中，
職工填好意見後交給託管機構，託管機構再按職工同意與不同意
的比例在股東大會上投票。公司董事會由 15 名董事組成，其中飛
行員工會、技師員工會和空姐工會各選舉 1 名代表參加董事會。

　　職工持股使西北航空公司起死回生，公司的虧損局面迅速扭
轉，現早已成為上市公司，股票增值很快。一般而言，當股票到
24 美元/股時，職工就可收回減少的工資，現在每股已漲到 37 美
元，職工的積極性激發起來之後，用新增加的收益繼續購買本公
司的股票，現該公司的員工持股比例已達 55%，是一個典型的員
工控股公司。在美國，公司士氣低落的公司員工說：「我們就在這
兒幹活」，而美國西北航空公司已開始為自己的員工持股計劃而自
豪，員工們都說：「我們在這兒工作，但我們不僅僅是工作。」

二、賓士公司

　　「我們的目標是，使員工進一步認識到自己同企業是息息相

關的。這一點是可以做到的。」戴姆勒──賓士股份公司執委會裏負責人事的機構打算把向員工發放企業盈利股票、職工股票、刺激個人的積極性這三者融為一體。

1.企業盈利股票

1997 年，戴姆勒──賓士股份公司決定根據贏利情況直接向員工發放股票，這還是第一次。如果公司 1997 年的贏利情況被計算出來的話，那麼公司全體員工春天將得到一筆特殊的支付。前提是營業盈利至少達到 15 億馬克。這些盈利首先可以使每個員工得到 270 馬克的收益。公司每多贏利 1 億馬克，付給每個員工的紅利就增加 38 馬克。如果公司 1997 年的經營情況與 1996 年相同的話，那麼每個人就會多收入 800 馬克。企業的盈利股票取決於年終結算，這一新的規定是 1997 年 6 月由企業和職工代表委員會共同商定的。

取代了過去模式的新規定對員工們來說也可能產生痛苦的影響。企業效益好，向員工發的盈利股票就多；如果企業經營不好，那麼發給員工的股票就少，情況嚴重時甚至一點也不發。這樣一來，除了使員工感到自己同企業是息息相關的之外，還可以促使更多的員工關心美元匯率變化，美元匯率對出口強勁的戴姆勒─賓士股份公司的經營狀況起著重大影響。

2.職工股票

除了新實行的盈利股票外，20 多年來，戴姆勒─賓士股份公司的員工們也可以購買職工股票。每年有 40%～50%的有購買股票的人利用了這種權利，如果誰從一開始就利用了認購股票權利的話，那麼他在投資 1.5 萬馬克的情況下，今天就可以自豪地得到價值 4.5 萬馬克的巨額股份（還不包括股息在內）。這就是說，他

額外得到了紅利。據估計,目前比較多的員工是處在這種幸運的形勢之下的。據執委員觀察,這些員工把自己的股份視為存錢罐,而不是到期後就得儘快變成現錢的有價證券。由於收益好,1996年企業把每年的認購權從 10 股提高到 30 股。認購的股票越多,得到的補貼越多,每股最高可達 450 馬克。

戴姆勒一賓士股份公司實行的盈利股票和職工股票的做法是增強員工同企業息息相關意識的兩個手段,這兩個手段起著互補作用。一年的盈利股票由於是當年支付紅利,因此起著短時間的刺激作用。而職工股票是對企業的投資,多數是長期的。這樣的投資促使員工關注股票行情,他們會因為股票行情的變動而擔憂或高興。

3.科用公司

位於加州聖達戈的科學應用國際公司(以下簡稱「科用公司」)正發展得如火如荼。今天 73 歲的羅伯特一貝斯特是公司的創建人和總裁。他於 1969 年開辦了一家科技諮詢公司,有十幾名職員。今天,科用公司已擁有 2.5 萬名職員,成為一家高科技產業中效率不凡的公司。它在最近收購貝爾科公司後,總收入可達 34 億美元。

4.激勵員工出新招

要是貝斯特有科用公司 100%的股權的話,他今天擁有將近 20 億美元的財產。然而,他卻只擁有 1.5%的股權,相當於 2700 萬美元。其餘資產大多屬於各級職員。科用公司是一家高技術研究和工程公司,為美國第 55 大私營公司,收購貝爾科公司之後,在排名表上躍居第 41 位。

科用在激勵員工方面也一馬當先。貝斯特說:「我們把職員變

成股東。我確實認為，這是起作用的，而且是公平的。」貝斯特
言行一致。公司職員擁有公司 90%的股權，其餘 10%在那些早期便
離開公司的顧問或職員手中，科用公司還從未制訂過一條持股者
在離開時必須把他們的股份賣回給公司的規定。貝斯特據調查發
現，在科用公司工作至少 3 年的職員中，那些從未購買公司股票
的職員流動率為 12%，而那些購買了股票——不管其數目何等之
小——的人流動率為 5%。

5. 職員持股計劃

只要你為公司攬得一份新合約，你就有機會額外購買與合約
金額成一定比例的股票。這只是科用公司精心設計的退休、股票
購買和股票獎勵計劃制度的一部份；科用公司的 4 種不同職員所
有權計劃屬於全美國最複雜的。

退休計劃成為普遍的職員所有權的基礎。公司的 401(K)計劃
允許職員選擇購買各地「先鋒」基金和科用公司股票；公司的配
合贈款是以公司股票提供的。此外還有一個適用於每個人的《職
員股票所有權計劃》。

另外，為了獎勵和留住極其出色的員工，還制訂了一些股票
獎勵計劃。科用公司每年都留出一部份股份，根據個人表現把它
們作為可選擇購買的股票或作為獎金提供給職員——對贏得新合
約的獎勵就屬此列。到年終時，約有一半的職員得到股票。選擇
購買的股票和獎勵的股票在 4 年後歸個人掌握。

最後，每年有 200 名職員——他們被認為是未來的領導人——
能每人得到價值 2.5 萬美元的科用公司股票，這些股票暫由公司
代管，7 年後歸個人。歸屬有待落實的股票提供了貝斯特所謂的
「膠水」：他們如果離開公司就喪失這一切。

與規定職員必須把他們的股份賣回公司的其他私營公司不同，科用公司的人可以通過科用公司登記註冊的經紀交易公司布林公司彼此進行交易。簡而言之，公司保持一個內部股票市場，職員可以在那裏買賣股票；唯一的限制是，該市場只對科用公司的員工開放。

6.股票收益勿擔心

科用公司董事會每年制定公司股票價格四次，使用一個公式，這個公式以淨收益、流通股票量和由一家投資銀行監測的一個「市場因數」為基礎。市場因數按照與公開交易的同類公司相一致的一個倍數對股票定價。

有一件事情科用公司的股東們毋需擔心，那就是股市突然暴跌。1987 年股市暴跌時，股價平均下跌 20%，而科用公司的股票僅下跌了 5%。在股市動盪後，科用公司股票項目負責人沒有接到一個持股人打來的電話。

不管這種所有權是有利還是不利，科用公司的股票一直是成長性極棒的股票。在截至 1997 年 1 月 31 日的財政年，科用公司股票的收益率達 34%。過去 5 年和 10 年，科用公司股票年收益率分別為 18.4%和 14.3%。科用公司的 2.5 萬名職員中有好幾百人是百萬富翁。毫無疑問，還有許多人將富裕起來。

第四節　如何實施股票期權激勵計劃

一、股票期權激勵方案的設計

股票期權計劃逐漸「西風東漸」，一些企業進行了相關試點，取得了許多經驗，但也遇到了不少挫折。一個比較好的股票期權方案設計應該包括以下方面：

1.設計股票期權的股票來源

美國的公司通常採向內部發行新股以及通過留存股票帳戶回購股份來取得實施股票期權計劃所需之股份。目前上市公司增發新股和股份回購都受到很大的政策限制，公司缺乏必要的股份來源以確保股票期權的行使。因此，建議政策上提供必要的條件，如給予上市公司不超過股本總量一定比例(例如 10%)的股票發行額度，根據期權方案和行使時間表安排新股的上市方案；允許上市公司回購部份法人股、或轉配股作為預留股份以滿足行權需要。目前變通的做法有：

⑴「第三者」購買

通過「第三者」從二級市場購買股票，作為實施股票期權計劃的基礎。如上市公司可以具有獨立法人資格的職工持股會或自然人的名義購買可流通股份，作為實施股票期權計劃的股份儲備。

⑵國有股減持與轉讓

通過國有股或法人股的減持和轉讓獲得股份來源

⑶**進行虛擬股票期權**

即經營者並不真正持有股票，而只是持有一種「虛擬股票」。其收入就是未來股價與當前股價的價格差，由公司支付；如果股價下跌，經營者將得不到收益。這種方法可能對數量眾多的非上市企業更具有借鑑意義。

2.**設計股票期權的種類**

企業股票期權按照授予對象的不同一般分為兩類：

⑴**全員股票期權**

類似於員工持股計劃，由企業授予普通員工，規定在本企業有一定工作年限的所有員工均有權購買本企業股票，其中購買股票價格、數量、行使期權的條件、時間以及整個期權的有效期都已確定，並按照員工的資歷、崗位、績效而評分分檔，拉開差距，用於激勵員工積極工作，分享企業發展所帶來的成果。

⑵**經營層股票期權**

主要授予公司高中層管理人員和技術骨幹等企業「中堅」力量，用以激發經營層的積極性，一般職位越高，對企業貢獻或影響越大，期權越多；且這類股票期權的數量、價格、行權條件等設計要求與全員股票期權截然不同。

3.**股票期權的授予設計**

主要涉及到企業授予股票期權時的一些事務，包括：

⑴**授予時機**

由董事會成立一個薪酬委員會專門管理股票期權授予的相關事項。薪酬委員會根據經營層各人的工作表現、公司該年的整體業績來決定股票期權的授予數量；根據人事部門呈送的全體員工的綜合評分表及公司本年業績來決定全員股票期權的授予數量和

分配方案，一般分別在受聘、升職及一年一度的業績評定時授予。

(2)**期權價格**

股票期權授予價格一般不能低於股票期權授予日的公平市場價格。上市公司購股價格可參照簽約當天的股票市場價格確定，非上市公司的購股價格則參照當時股權價值（年股淨資產）確定。

4.**股票期權的行權設計**

主要涉及企業已授出的股票期權在行權時的一些事務，包括：

(1)**行權時機**

上市公司的經營層股票期權只能在「視窗」期行權。所謂「視窗」期是指年或中期報表公佈後的第 3 個工作日開始直到下一個半年的 10 天為止，目的是防止企業經營層利用「內幕消息」在股市上「興風作浪」。非上市公司的行權時機一般有以下要求：股票期權到期；個人將要離職；個人急需現金；為了少納稅，將股票期權分散分批行權。

(2)**行權方式**

有兩種方式可供選擇。其一，現金方式。已獲股票期權的個人到公司指定的券商外，以現金支付行權費用及稅金、手續費等，從而期權變為股票。其二，無現金方式。個人不必以現金支付行權費用，但事實上獲得行權權利，即通過券商出售部份本企業股票所獲收益來抵扣個人的行權費用。此時，個人的股票期權要麼全部變成售股收入，即相當於券商給持有期權者以信用，要麼變成部份股票，即券商出售少量企業股票所獲收益正好可以補償行權費用，其餘則為未出售的股票。

5.**股票期權的權利設計**

主要涉及股票期權持有者的權利義務方面的規定，包括：

⑴ **權利的非流通性**

即股票期權持有者不能轉讓權利，只有在其本人死亡、完全喪失行為能力或遺囑註明繼承人的情況下才有例外。

⑵ **權利義務的匹配性**

期權持有者是否享有分紅收益權、股票表決權等權利應與其是否承擔企業經營風險、市場風險、股權貶值風險等義務相對應，儘量避免「免費午餐」、「搭便車」之類的新平均主義傾向，否則根本失去了股票期權的激勵效果。

⑶ **權利的時限性**

一般股票期權授予後有效期為 5～20 年，不同對象、不同性質的股票期權的有效期可根據經理人員和普通員工的資歷、業績、能力、工作態度等因素來具體決定。

6. **權利變更及喪失**

當獲受人發生下面情況時,其擁有的尚未行使權須相應變更:

⑴ **雇傭關係終止**

在獲受人結束與公司的雇傭關係時，股票期權可能提前失效，股票期權計劃中一般對此有特殊的規定。

⑵ **退休**

如果獲受人是因為退休而離職，他持有的所有股票期權的授予時間表和有效期限可以不變從而享受到與離職前一樣的權利。如果股票期權在退休後 3 個月內沒有執行，則成為非法定股票期權，不享受稅收優惠。

⑶ **喪失行為能力**

如果獲受人因完全喪失行為能力而中止了與公司的雇傭關係，則在所持有的股票期權正常到期以前，該獲受人或其配偶或

以自由選擇時間對可行權部份行權。但是,如果在離職後 12 個月內沒有行權,則股票期權轉為非法定股票期權。

⑷**死亡**

如果獲受人在任期內死亡,股票期權可以作為遺產轉至繼承人手中。

⑸**公司併購或控制權變化**

當公司外的某人或某機構通過持有公司股份,擁有公司 30% 以上的投票權;或董事會的成員構成發生很大變化(即董事會成員中,從初期起一直在任的董事人數不足一半),在這種情況下,美國許多公司規定股票期權授予時間表將自動加速,使所有的股票期權都可以立即行權。

⑹**送紅股、轉增股、配股和增發新股**

當公司發生送紅股、轉增股、配股和增發新股等影響公司股本的行為時,需要對尚未贈予的股票期權和尚未行使的股票在期權數量和行權價格上進行相應調整。

⑺**公司清盤時的權利**

如果股東在期權仍可供行期間提出來將公司自動清盤的有效決議案,期權獲受人可於該決議案通過日前任何時間以書面形式通知公司行使其全部或按通知書上指定限額的股票期權,獲受人因此與其他的股份持有人享有同等權益,有權分享清盤時分派的公司資產。

7. **權利的制度化及透明性**

最後還要注意,為了避免在授予股票期權時出現個人主觀隨意性和「道德風險」、「逆向選擇」問題,應當由企業董事會成立專門的委員會來獨立決策、執行股票期權的實現和交易結算,並

將相關授予條件、授予對象、行權要求等制度化。只有形成相對穩定的制度，才能有長期的激勵效果，尤其是對經營層股票期權，必須由董事會嚴格集權。而對於全員股票期權，可由企業人事部門擬訂方案再報董事會審批。

另外，在企業內部，有關股票期權計劃的操作應當透明，切忌「黑箱操作」；只有透明，在相互比較中，員工才知道努力的方向，才有動力去獲取更多的期權，否則容易出現「內部人」控制，經理人員經營不力或弄虛作假等短期行為。

二、如何設立股權授予的評價標準

股票期權實施過程中，一個很重要的因素就是期權激勵的評價標準問題。應根據何種標準來授予股票期權，才能達到最大的激勵目的，這需要在企業內部建立一整套員工業績評估體系。評估標準定是否合理，是關係到股票期權實施效果的要素之一。

1.股權授予中的評價標準

美國是執行股票期權制度最為廣泛而成功，其分配股票期權時主要考慮的因素包括：

(1)業績表現及工作的重要性

(2)職位

(3)在公司工作年限

(4)公司留存的期權數量

(5)公司其他的福利待遇。

其中，業績評價是最為重要的考慮因素。

2.業績考核評價制度的建立

建立合理的評價標準對於企業順利執行股票期權制度是非常重要的。它是員工激勵制度發揮作用的基礎，是其順利執行的保證。具體來說，成功的業績考核評價制度應包括以下幾點：

⑴績效考核體系制度化

可設立專門的薪酬委員會負責考核評價工作，也可以將此工作由人事部門兼任。儘量使考核評價日常化，將股票期權放在人力資源管理體系中，作為企業報酬體系的一部份，放到報酬包裹，與工資、福利結合考慮，如工資體系一樣作為評價部門的正常業務。

⑵評價體系運作規範化

評價體系的設計和執行要規範，股票期權制度方案需要經股東大會批准，評價體系的制訂和修改需經董事會批准、同時制定規範文件，使績效考核有規可依。

⑶堅持公開、公平、公正原則

首先是公開，這是民主管理的要求。要使績效考核評價體系對全體員工公開，使所有的員工都瞭解考核的標準和原則，使其有努力發展的方向，不能搞黑箱操作；其次要公平，制度面前員工一律平等，體現多勞多得，少勞少得，不勞不得的原則；再次是要公正，對於員工的績效考核要公正，做到有法必依，執法必嚴，違法必究，否則容易產生內部矛盾。

⑷評價指標具體化、客觀化

評價體系的各個指標要儘量的細分，分解為具體的、較為客觀的、容易進行評價的指標。如公司股績評定考核制度，分解為可持續性貢獻、職位的價格、工作能力、對企業的認同以及個人

品格等五大方面。同時，指標的設計要具有客觀性，使評價儘量樹立在客觀的基礎之上，避免使用模糊不清的、主觀性較強的評價指標。

三、用股票期權激勵高科技員工

高科技公司能否持續發展，關鍵是人才，而如何引進人才、留住人才、開發其創新才能則是人才工程的三大主體。目前大部份高科技公司都存在一個重大制度缺陷，即長期激勵機制缺位，致使人才戰略難以很好實施，人力資源管理處於低效狀態，從而極大地影響了高科技公司發展的後勁。同時證券市場為高科技發展服務也僅僅表現在金融支援上，更深層次的支援功能例如激勵功能、競爭優勢的培育功能則顯得極其微弱。矽谷有一句名言：美國高科技產業的迅猛發展依靠的是「雙輪驅動」，一個輪子是風險資本，一個輪子是股票期權。高科技企業依賴人才來爭奪產業制高點，就必須把股票期權作為激勵員工、留住英才的強有力武器。

1.科技企業員工收入構成的缺陷

在大部份高新技術公司中的高級管理人員和科技人員的收入是以工資、福利、獎金為主，股權收入很少。這種薪酬制度有三方面的缺陷。

⑴激勵短期化

因為工資、福利只是才能和努力的歷史指標，彈性不足鋼性有餘，同時差距有限，對人的工作激勵效果非常有限，而獎金是對本期(或月或季或年)貢獻的報酬，評定標準主要是上一財政年

公司經營業績，與公司未來沒有關係，公司價值的變動與經理人員的當前收入幾乎不存在相關性，這樣必然導致經理人員短視心態和短期行為。這種制度必然導致個人理性和公司理性的矛盾，其必然的結局是公司利益得不到保護。

⑵不利於人才引進

由於現行的薪酬制度提供的是一種非常弱的短期激勵，因此就沒有辦法形成機制優勢去吸引和聚集高素質的人才並使其努力工作。目前許多高科技公司處於二次創業階段，市場的發展和業務的拓展急需更多的優秀人才，但因激勵制度落後，人才引進和開發的難度很大，即使一批優秀的公司也同樣存在這種問題。

⑶不利於技術創新

公司經理是資源管理者，對公司的發展具有決策權力；科技人員是公司的台柱，公司的命運與他們的行為關係重大。如果一家公司的薪酬結構完全由基本工資及年獎金構成，那麼出於個人私利的考試，經理和技術人員可能會傾向於放棄那些長期內會給公司帶來不利影響但是有利於公司長期發展的創新計劃。這顯然不利於公司的長期持續發展。

2.股權制對高科技員工的激勵和約束功能

如果實施股票期權制度，則可以對現行薪酬制度激勵弱化進行有效的矯正。股權制在高科技企業中有明顯的「金手銬」作用。

⑴提供激勵機制

在股票期權制度下，經理人擁有按某一固定價格購買本公司普通股的權利，且有權在一定時期後將購入的股票在市場上出售獲取利益，股票期權使經理人員能夠享受公司股票增值所帶來的利益增長並承擔相應的風險，在經理人看來，最重要的不是已經

實現的收益，而是他們持有的未行權的股票期權的潛在收益，從而可以實現經理人利益的長期化。即使經理人在退休或離職後仍會繼續擁有公司的認購權或股權（只要他沒有行使股票期權及拋售股票），會繼續享受公司股價上升帶來的收益，這樣出於自身未來利益考慮，經理人員在任期間就會與股東保持視野上的一致性，致力於公司的長期發展。

⑵**增強凝聚力和創新力**

在股票期權制度下，企業支付給經理人的僅僅是一個股票期權，是不確定的預期收入，這種收入是在市場中實現的。在這種制度下，經理人和股東收益實現管道是一致的，真正建立起「利益趨同、風險共擔」機制。此時大家都會把公司的生存和發展當成自己的事業來看待，會主動為公司的長期發展盡力盡責。當然，經理人持股的優越性對任何公司都是一樣的，我們要強調的是，股權激勵機制，特別是科技人員持股對高科技公司的發展尤其重要，是高科技公司持續發展的必然選擇。

案例 去醫院看望員工

對員工進行獎勵，主要就是要讓員工感受到企業的關懷，這種過程在一定程度上，也可以被看作是管理者爭取民心的表現，因為這是管理工作中不可缺少的一項重要任務，也是不可輕視的長期而艱難的任務。

所以，主管必須考慮全面，抓住一切可以使員工感受到溫暖的機會，這可被看作是企業對員工辛勤付出的一種最真切的感謝。

　　讓員工感受到溫暖其實非常簡單，只要主管用心即可。例如，當員工生病入院時，無論這名員工是何等的普通，也無論你有多麼繁忙，身為最高管理者的你也要抽出一個小時的時間到醫院去看望一下那名生病的員工，當你走進病房的那一刻，員工自然也就感受到了你帶來的溫暖，這是一種非常具有意義的獎勵。

　　員工可以感受到很多，最主要的就是企業管理層對自己的關愛，使員工明白管理層關心每一位員工的身體健康，關心每一位員工的生活品質。

　　同時，員工還能感受到自己在企業心目中的地位，自己並不只是創造價值的工具，而且還是這個團隊中的一員，主管的探望代表這個團隊對自己創造價值的一種認可。這可以使員工樹立自信，保持良好的精神狀態，從而早日康復，繼續為企業貢獻自己的力量。

【專業指導】

- 生病入院是一件令人沮喪的事情，主管的出現可以減輕疾病帶給員工的痛苦，更能夠使員工感受到你溫暖的心。

- 臨時決定開一個管理層會議，開會的內容只有一條，就是以後當各部門主管獲知本部門的員工因病入院接受治療，必須在第一時間向你進行彙報，以便及時的進行此項獎勵措施。

- 製作一本員工的通訊錄，員工的家庭住址與聯繫電話都應該被記載下來，便於你與員工聯繫。

- 當得知員工入院接受治療後，設法獲知員工所在醫院的名稱及病房號，你可以立即驅車趕往看望。當然，如果你想擴大獎勵的效果，可以帶上副總和員工的部門領導一同前

往，來表示管理層的重視。

· 去看望員工時，除了交給員工家屬一點慰問金表示心意的同時，主管也必須準備一些禮物，例如一束鮮花，一個果籃，這樣會增加你的親和力。如果兩手空空的走進病房，明顯有些失禮。

· 與員工或者員工的家屬進行輕鬆地交談，詢問員工的病情和治療計劃，並且向員工表示，如果員工遇到困難，企業不會袖手旁觀。最後，當然少不了對員工早日康復的祝福。

案例　歡迎員工歸來

員工總會因為一些事情而離開企業一段時間，例如因健康原因入院接受治療，或者因家中父母有事而不得不返回老家。可是主管似乎只記得這些員工請了多少天的假，或者是否超出了請假的時間範圍，而忘記了這是向員工表達認可的一次重要機會，那就是歡迎員工歸來。

你可以根據員工請假的緣由計劃具體的歡迎方式，例如員工病癒歸來後你可以向員工發一封電子郵件，來表達你的關心，員工收到電子郵件後一定會非常的感動，因為員工可能收到了很多郵件，但是有可能這些郵件的內容都是工作上的往來，很少會有人關心自己，但如果在第一時間收到主管問候和歡迎自己歸來的信息，員工就會感到非常溫暖從而產生對企業的歸屬感。

你也可以為員工準備一個小小的歡迎儀式，只需要做一個小條幅，上面寫上「歡迎回家」等字樣，然後當員工進屋時，你可

以開一瓶香檳表示慶祝，這會讓員工感受到你的重視，所以，他會對你的舉動非常感激。

　　讓員工感受到溫暖並不是一件難事，而歡迎員工回到企業是再簡單不過的方式了，可以正是這種簡單的方式，為企業保留下了很多珍貴的人才資源。因為不注重這些細節的獎勵問題，久而久之會讓員工感受不到企業的溫暖，感受到的卻是企業的冷漠，從而認為自己在企業已經沒什麼價值了，進而離開企業。這種巨大的人力資源的浪費就是這樣產生並由此帶給企業無法彌補損失，所以，主管要經常施行像歡迎員工歸來這樣的小方法獎勵員工，並留住員工的心。

【專業指導】

* 讓員工感受到回家的感覺，員工們才能把企業當成自己的家，從而快樂的為這個家創造利潤。

* 看看最近有那些員工請了幾天的假，或者更長的假期，然後計算員工回來的日期，準備實施這項獎勵計劃。

* 與其他員工一起準備好鮮花和掌聲，迎接員工的歸來，讓所有員工都感受到你的重視，使他們備受鼓舞，從而擴大獎勵的範圍。

* 如果員工因病歸來，你可以主動建議員工減少工作量，注意身體狀況。

* 你也可以在企業的宣傳欄上刊登一篇你祝賀某位員工歸來的文章，表達你對員工工作的認可以及對員工歸來表示的歡迎。

第 7 章

獎賞得當的激勵機制

🔊))) 第一節　制定合理的激勵機制

激勵要有分寸、有節制，不要走向極端，過猶不及則會失去效果。況且，激勵僅僅是主管管理下屬的一種方法，而不是萬靈藥。從某種意義上說激勵是興奮劑。既是興奮劑，就必然有副作用，就不能當糖吃。那麼，在進行激勵時那些是「服藥須知」呢？

□激勵不可任意開先例

激勵固然不可墨守成規，卻應該權宜應變，以求制宜。然而激勵最怕任意樹立先例，所謂「善門難開」，以後大家跟進，招致無以為繼，那就悔不當初了。

主管為了表示自己有魄力，未經深思熟慮就慨然應允。話說出口，礙於情面，認為不便失信於人，因此明知有些不對也會將錯就錯，因而鑄成更大的錯誤。

有魄力並非信口胡說。有魄力是指既然決定，就要堅持到底，

所以決定之前必須慎思明辨，才不會弄得自己下不了台。主管喜歡任意開例，下屬就會製造一些情況，讓主管不知不覺中落入圈套，興奮中滿口答應，事後悔恨不已。

任何人都不可以任意樹立先例，這是培養制度化觀念、確立守法精神的第一步。求新求變，應該遵守合法程序。

□激勵不可一陣風

許多人喜歡用運動的方式來激勵，形成一陣風，吹過就算了，一番熱鬧光景轉瞬成空。不論什麼禮貌運動、清潔運動、「以廠為家」運動、意見建議運動、品質改善運動，都是形式，而形式化的東西最沒有效用。要注重實質，唯有在平常狀態中去激勵，使大家養成習慣，才能蔚為風氣，保持下去。

□激勵不可趁機大張旗鼓

好不容易拿一些錢出來激勵，就要弄得熱熱鬧鬧，讓大家全都知道，這樣花錢才有代價。這種大張旗鼓的心理常常會造成激勵的反效果。

第二節　讓員工享受工作的滿足感

「目標管理」理論的創始人彼得‧德魯克認為：要激起員工的積極性、實現對他們的有效管理，重要的是使員工發現自己所從事的工作的樂趣和價值，從而能從工作的完成中得到一種滿足感。IBM公司在這方面是相當傑出的。

在IBM公司裏有一個慣例，就是為銷售業績優秀的銷售人員

舉行隆重的慶祝活動。公司裏所有的員工都參加「100%俱樂部」舉辦的為期數天的聯歡會,而排在前幾名的銷售人員還要榮獲「全國獎」。

同時,在選擇聯歡地點時更是頗為講究,如在頗具異國情調的百慕大或馬略卡島舉行。而對於得獎的人來說,不僅僅是得到了物質上的激勵,同時更是一種精神上的榮譽,尤其是公司的精心安排和空前的重視更加激起了員工的熱情。IBM 公司所做的一切其實並不難,只是它的這種獎勵方法充分地融入了人性的色彩,顯然這也更好地激起了員工的積極性。富有人情的獎勵,這就是 IBM 公司激勵成功的關鍵。

物質獎賞激勵並不是一成不變的,只有充分地把握員工的不同需要,選擇員工感情上最願意接受的方式進行獎勵,才能讓獎賞的激勵作用充分地發揮出來。總而言之,物質獎勵的激勵效果如何,關鍵是看管理者是否採用有效的獎勵方法和能否在獎勵中融入情感,從而更有效地激發員工的熱情。

第三節　金錢獎勵的藝術

金錢獎勵作為一種正面強化的激勵手段,往往比批評等負面工作更能達到激起員工積極性的目的。企業通過物質利益鼓勵員工的積極行為,使員工在責任感和榮譽感的驅使下自覺自願地效力於企業。這對企業人力資源開發起到極大的作用。

應用金錢獎勵時要注意以下幾個原則。

⑴**獎勵程度要相稱**

在獎勵過程中，要確實根據員工貢獻的大小給予獎勵，多勞多得、少勞少得，也不能誇大或縮小員工的成績。通過科學的成績考核和貢獻評價指標體系及其嚴格的考評制度、正確的考評方法，以確定員工貢獻量的真實情況，然後再根據實際情況定出獎勵程度。如果定的過大或過小，都會影響獎勵的作用。而分配上的「大鍋飯」，更是失去了獎勵的意義，使勤人變懶，企業失去活力。因此，企業家要從實際出發，有針對性地獎勵有作為、有貢獻者，提高他們的待遇，形成明顯獎勵差別，促使未受獎者或少受獎者努力趕上，為企業多作貢獻。

⑵**隨時獎勵**

員工何時作出突出貢獻，就應何時給予獎勵。企業為每個員工提供均等的受獎機會，無論其過去表現如何，無論其幹何種工作，不需要聯繫以往的歷史，只要員工作出現實的貢獻，隨時隨地都應受到獎勵。使員工感到企業時刻在關心自己的進步，進步者能及時受到獎勵後會更加注意自己今後的發展，從而強化了員工的進取意識。而延期獎勵或依人獎勵則會減少熱情，降低獎勵的可信度，進而遭致員工的漠視。

⑶**使員工處在期待狀態**

期待是指某種特定的行為產生一定的結果，或達到預期目標的主觀願望。員工努力工作總希望能得到相應的報酬，這種期待報酬可分為內在和外在兩種。內在的是指工作的成就感和自我價值實現的滿足感等，而外在的期待報酬則是獎金、晉級等物質獎勵。每個人的目標、經歷不同，所期待的內容和程度也各不相同。應盡可能地為每位員工創造條件，使之發揮最大的能力，並努力

幫助員工實現各自的期待。

⑷根據需求目標獎勵

企業中員工的年齡、性格、水準、文化、地位、素質等均不相同，其需求的目標、檔次、程度自然各異。企業要區分消極和積極的需求，對積極的需求給予獎勵，對消極的需求加以扼制，根據企業自身的條件創造新需求。應以身作則，帶頭示範，正確地引導需求方向。也可通過承諾制度誘發新需求，但注意不可輕允，要有分寸、有方向，一諾千金，允諾必須兌現。

⑸滿足員工的需要

滿足是指一定行為的結果，使其需求和期待暫時得以實現。企業要通過物質獎勵的方法來實現這一原則，但必須瞭解實質型的獎勵(如獎金、物品)只能滿足生理上的需要。現代管理心理學表明，精神需要的滿足比物質需要的滿足更能產生持久的動力。人的需要在本質上是精神需要，是情感需要。當人們的物質收入達到一定水準時，獎勵的刺激作用就日益減少，而成熟感、責任心等精神需要越是得到滿足，就越能激發工作熱情。寓物於情，賦情於物，應使被獎勵者在經濟上得到實惠，同時受到關懷、鼓勵，得到情感精神上的滿足。

⑹大多數獎勵原則

作為企業，每一次從財務計劃中劃出的獎金數額是一定的。在此基礎上，企業應儘量擴大獎勵範圍和比例。獲得獎勵的員工比例越大，就越能起到激勵作用，從而使更多的員工去努力工作，不斷追求自己的新目標。

案例　給員工起個外號

　　朋友之間如果比較熟悉，都會給對方起個外號以顯示彼此之間親密的感情或者深厚的友誼。同樣，如果你想認可你的員工，那麼不妨給員工起一個親切的外號，來表達你對員工的好感。

　　外號的產生，有多種由來。如從形貌方面看，漢代賈逵因身高頭長，被稱為「賈長頭」；唐代溫庭筠因容貌醜陋，被呼作「溫鍾馗」。從舉止方面看，西漢甄豐喜歡夜間謀議，人稱「夜半客」。從行為方面看，東漢崔烈以 500 萬錢買官，人稱「銅臭」。從愛好方面看，南明弘光天子喜歡用蛤蟆制藥，丞相馬上英喜歡鬥蟋蟀，因此得到蛤蟆天子、蟋蟀相公的綽號。從著作方面看，唐代楊炯被稱為「點鬼簿」，是因為他好用古人姓名；駱賓王被稱為「算博士」，是因為他詩中多用數字做對子。從學識方面看，明代的程濟因博學而獲「兩腳書櫥」的雅號。從談吐方面看，唐代竇羣固口訥、不善言辭被時人諷為「囁嚅翁」；南宋趙霈擔任了諫議大夫之職卻大談禁殺鵝鴨，被譏為「鵝鴨諫議」。

　　這是原先外號的由來，但譏諷的意思比較濃重，所以主管給員工起外號時一定要避免出現古代那種暗諷的做法，要可以起一個既親切又能夠讚揚員工的外號，例如，如果員工做事速度非常快，你就可以給員工起一個「張神速」、「王神速」等，如果你經常看見某位員工穿梭於各個辦公室，為了手頭的工作忙個不停，你就可以各員工起一個諸如「草上飛」、「拼命三郎」等外號以顯示你對他工作的印象。

　　當員工從主管嘴裏聽到自己的外號後，一定會非常開心，因

為一個善意的外號是對員工工作的表揚和認可，而你給員工起外號本身就代表著你對員工的關注，這種親切感會給員工的工作帶來非常大的鼓勵。

如果主管偶然聽見員工給自己起得外號時，應該報以微笑和滿足，因為員工與你的心靈距離已經很近很近了。

【專業指導】

· 仔細觀察員工在工作時的行為特點，然後給員工起一個與他特，最相似的外號。

· 當員工在走廊或者門口與你擦肩而過並向你打招呼時，你可以說出你給他起的外號，如果員工很疑惑，你就應該對他的工作進行一番表揚，然後說出外號的由來。

· 當和員工在一起議論事情時，你可以當眾說出一名員工的外號，並露出親切笑容，這樣等於是在給予那名員工公開認可。

· 當你給員工起外號的時候，一定不要加入諷刺員工不好習慣的意味，否則不但起不到獎勵員工的目的，還會引起員工的反感，或者產生挫敗感，造成員工情緒的低落，進而影響工作效率。

案例 **對員工報以熱烈掌聲**

沒有比鼓掌最容易的獎勵辦法了，當員工出色地完成了一項艱巨任務，並為此耗費了很多精力的時候，身為主管的你如果能夠為他鼓掌以示祝賀，那麼無論這名員工多麼疲憊，多麼勞累，

也會重新積聚起力量，內心也充滿著鬥志。

雖然一個人的掌聲發出的聲響如此微小，但掌聲的力量確是如此驚人，因為這掌聲永遠會響在員工心裏，給其帶來前進動力。

曾經就有這麼一個小故事，充分體現了這一點：

有位富翁沒有別的嗜好，就喜歡吃烤鴨，他重金聘請了一位廚師，每天為他烤一隻鴨子。那鴨子烤得皮脆肉滑，噴香可口。但富翁是個出了名的刻薄鬼，儘管每天吃得津津有味，但從未對廚師說過一句讚美的話。

不知怎的，一個多月後，廚師每天端上來的鴨子，都只有一條腿。富翁覺得奇怪，但礙於身份不便過問。又過了一個多月，他實在忍不住了，便叫來廚師問道：「你烤的鴨子為何都只有一條腿呢？另外一條腿跑到那裏去了？」

廚師不緊不慢地回答：「哎呀，你不知道，這些鴨子本來就只有一條腿嘛，不信我帶你去瞧瞧。」

富翁便隨著廚師來到後院。這時，因天氣炎熱，所有的鴨子都縮起一條腿站在樹陰下休息。廚師說：「你看，鴨子都只有一條腿吧。」富翁氣不過，當即用雙手使勁拍了起來。掌聲驚動了鴨群，便都伸出另一條腿。富翁說：「你看，鴨子不是都有兩條腿嗎？」

廚師回答：「是的，如果你早點鼓掌，鴨子早就有兩條腿了。」

這個帶有諷刺的小故事充分說明了員工其實多麼希望得到老闆的掌聲，掌聲無疑成了認可的代表動作。因此，人人都渴望獲得掌聲與贊許，那怕只是一句簡單的讚語。有位著名的企業家說過：「人都希望活在掌聲之中，當部下被上司肯定、受到表揚和獎賞時，他一定會更加賣力地工作。」成功的企業家都懂得這個道理，從不吝惜用掌聲來激勵員工的士氣。那麼當你讀到這裏，是

不是也應該考慮對出色完成任務的員工報以長時間的鼓掌呢？

【專業指導】

- 掌聲是內心發出的最美妙的聲音，聽著往往能夠被觸動心靈，而你的掌聲勢必會使員工的心永遠屬於企業，並且讓這顆心跳動的更加強烈，為員工的身體注入持久的動力，使員工發揮出最大能量。

- 深入到員工的工作中，表達你的關注，當員工完成任務時，你要首先鼓掌，然後對其表示祝賀。

- 如果你想把這種獎勵的效果發揮的更大些，那麼就請你在員工出色完成任務後站立起來為其鼓掌，這樣勢必帶動週圍的所有人都站立鼓掌以表示對員工的認可。

- 掌聲與微笑是不可分割的兩個混合體，如果主管鼓掌時不帶有任何表情，員工很可能意識不到主管是如何重視自己。

🔊 第四節　明獎、暗獎各有利弊

獎勵可分為明獎及暗獎。企業大多實行明獎，即大家評獎、當眾評獎。明獎的好處在於可樹立榜樣，激發大多數人的上進心。但它也有缺點。由於大家評獎，面子上過不去，於是最後不得不輪流得獎，使獎金也成了「大鍋飯」。同時，由於當眾發獎容易使部份人產生嫉妒心理，為了平息嫉妒，得獎者就要按慣例請客，有時不但沒有多得，反而倒貼，最後使獎金失去了吸引力。

外國企業大多實行暗獎。主管認為誰工作積極，就在工資袋

裏加錢或另給「紅包」，然後發一張紙說明獎勵的理由。

　　暗獎對其他人不會產生刺激，但可以對受獎人產生刺激。沒有受獎的人也不會嫉妒，因為誰也不知道誰得了獎勵。

　　其實有時候主管在每個人的工資袋裏都加了同樣的錢，可是每個人都認為只有自己受到了特殊的獎勵，結果下個月大家都很努力，都去爭取下個月的獎金。

　　明獎和暗獎各有優劣，所以不宜偏執一方，應兩者兼用，各取所長。比較好的方法是大獎用明獎，小獎用暗獎。例如，年終獎金、發明建議獎等可用明獎方式。因為這不易輪流得獎，而且發明建議有據可查，無法吃「大鍋飯」。月獎、季獎等宜用暗獎，可以真真實實地發揮刺激作用，激起起員工工作的積極性，增加企業和主管的號召力。

第五節　實行個人獎勵制度

　　面對上萬人的企業，老總肯定是分身無術，也不可能照我們所說的技巧與每個員工坦誠相見。最有效的辦法是制定一個適用於全體員工的個人獎勵制度，讓所有員工以這個獎勵制度為依據。

　　個人獎勵制度是以人作為計算獎金單位的一種獎勵計劃，它使員工的收入與工作表現直接聯繫起來。老員工能夠超額完成工作任務或超出預先制訂的標準，便可以獲得獎金或者額外的報酬。

　　個人獎勵制度可以根據產量的多少或工作時間的長短作為獎勵的標準。按產量多少進行獎勵的方式我們稱為計件制，它又衍

生出各種不同形式的計件法。把時間作為獎勵尺度，我們稱為計效制，它鼓勵員工努力提高工作效率，減少完成工作所需要的時間，節省人工和各種製造成本，並且根據員工不同的情況進行相應的獎勵。

另外，獎勵制度按照生產水準與工資的關係，分為定分與變分兩種。

定分獎勵制是指在超額勞動的分配過程中，企業與員工按某個確定的比例進行分配。例如，在計件制中，員工每做一件產品會得到定額的獎勵。

變分獎勵制是指在節餘利益的分配方面，勞資雙方的比例因為工作效率不同而有所差別。例如著名的羅恩工作制，在相同時間內，不同員工所做產品量不同，將獎金與工效進行掛鈎是這種方法的核心。

第六節　獎勵不明確會引起後遺症

傑克家有一隻非常聰明的牧羊犬，有一天牧羊犬叼回一隻狼，傑克大大地誇獎了它，給了它一隻雞腿作為獎賞。牧羊犬得意地搖著尾巴吃起了雞腿。

第二天，牧羊犬又叼著一隻狼回來了。傑克高興極了，覺得自己的牧羊犬實在太了不起了，就又給了一塊肉作為獎賞。但是，奇怪的是晚上羊群回來的時候，傑克卻發現羊少了一隻。他納悶了：自己的狗這麼厲害，連狼都不怕，怎麼會守不住幾隻羊呢？

於是他第二天早上便跟蹤了牧羊犬。到了牧場，傑克吃驚地發現，牧羊犬壓根就不守羊群了，而是直奔狼窩去抓狼。因為沒有牧羊犬的看守，狼輕而易舉地叼走了幾隻羊。傑克大為窩火，當天晚上就把牧羊犬趕出了家門。

這個故事說明了什麼呢？

領導者獎勵員工，如果不明確應該獎勵什麼，就會產生負面效應。牧羊犬捉狼本是一種正確的、對主人有利的行為，是值得獎勵的。但是，主人在獎勵它的時候卻沒有明確獎勵的實質內容──主人獎勵的是牧羊犬守羊的功勞，而不僅僅是捕捉幾隻狼的行為。主人的行為使得牧羊犬意識到，捕狼似乎比守羊更有利可圖，於是它自然就不會全心全意地守羊了。如果傑克在獎勵牧羊犬時讓它明白它的主要責任是守羊而不是打獵捕狼，只有羊守好了它才會有獎賞，那它肯定就不會棄羊於不顧了。

在獎勵員工的時候都不讓獎勵的內容明確、公開，這就容易對員工造成誤導，最後出現不希望出現的行為。

明確獎勵，不但要讓員工明白到底獎勵的是那種行為，以及為什麼要獎勵，還必須做到獎勵公開、公平，通過明確的評價標準來消除員工的猜疑和誤解，這樣的獎勵才有正面的引導作用。

第七節　獎勵要公平、公開

　　日本有一家為電器生產配件的私營企業。公司憑藉技術實力和靈活的機制，一度取得良好的效益。但是，公司內部管理的麻煩卻也隨之而來。

　　原來，由於該公司在獎勵政策上的不明朗，導致員工相互猜疑，管理人員、技術人員和熟練工人都在不斷地流失，而且就連在崗的員工也大都缺乏工作熱情。儘管該公司盡力提高員工的工作條件和報酬，但效果仍然不佳。

　　是什麼樣的不明朗獎勵措施致使一個企業面臨如此嚴峻的問題呢？

　　該公司有「三個檔次」的員工——「工人」、「在編職工」和「特聘員工」。「工人」是通過正規管道僱用的生產工人；「在編職工」是與公司簽過勞務合約的員工，主要是公司的技術骨幹和管理人員；「特聘員工」則是外聘的高級人才，有專職的，也有兼職的。

　　每當公司簽下一大筆訂單或賣出一大批配件發放獎金時，「工人」和「在編職工」的獎金是照表公開發放的，而「特聘員工」的獎金則是以紅包形式發放的。而且，由於「特聘員工」都是些高級人才，故他們的獎金通常是「在編職工」的幾倍。這種獎勵措施嚴重地挫傷了員工的積極性。

　　首先，一些「工人」和「在編職工」在瞭解到「特聘員工」

的獎金是他們的數倍後，由於沒能公開宣佈「特聘員工」的特殊貢獻，使得「工人」和「在編職工」認為公司不能公正地對待他們，引起了他們強烈的猜疑和不滿。

其次，「特聘員工」也非常不滿，他們當中有一部份人因為沒能享受到他們認為足夠的獎金，所以認為公司不承認他們的價值，把他們當外人看。而且，有的人還誤以為「工人」和「在編職工」肯定也收到了這種紅包，而他們是公司的「自己人」，數額肯定更多。因此，他們認為自己的努力，並沒有得到公司公正的認可和獎勵。

結果，該公司付出重金的獎勵手段，非但沒有換來員工的積極性和凝聚力，反而得到了人心渙散的結果。。

案例　孩子的禮物

主管一定要知道，對員工孩子的關心也就是對其父母的關注。孩子自然是員工最為重視的親人，也應該是主管時刻關注的對象。這樣能讓員工感受到管理層對自己的重視，進而明確自己在工作生活中的責任。

所以，主管在考慮獎勵員工時，千萬不要忘記還有一個人，那就是員工的孩子。一個有效方法就是在兒童節或者別的節日時為員工的孩子們準備一件禮物，表達你對其父母辛勤工作的感謝。

雖然員工的孩子年齡不盡相同，但是你可以根據實際的情況來選購一些不同年齡段孩子喜歡的玩具，然後分發給員工。這樣就能夠使每一名員工的孩子都能夠得到自己的禮物，感受到父母

單位給自己帶來的快樂。

員工一定會非常願意接受這種獎勵方式，不僅員工的孩子會從中收穫快樂，身為父母們的員工也會收穫一絲喜悅，更會對管理層這種關懷表示感激。這種情感會被轉化為對企業的歸屬感，進而激發員工的工作積極性，有利於企業的效率水準的提高。

【專業指導】

- 對員工的子女表示關懷與愛護，讓員工感受企業大家庭的溫暖，可以有效激勵員工為企業貢獻自己的力量。
- 統計一份子女在十六週歲以下的員工名單，然後列出一個受獎人數，也就是孩子的人數。
- 按照統計數據派專人到大型商場或者玩具專營店中購買禮物。選購時一定要多樣性原則，以便滿足不同年齡段孩子的需要。
- 在兒童節當天上午把這些員工召集到一起，感謝這些員工對企業的貢獻，然後讓員工領取企業為孩子們準備的禮物。領取禮物應該尊重員工的選擇，讓員工自己為孩子挑選適合的禮物。
- 如果你想加強獎勵的效果，可以宣佈給這些父母放假半天，以便讓他們與子女度過愉快的兒童節。

第 8 章

採用可達到期望的懲罰手段

第一節　懲罰是手段而不是目的

我們經常提到企業要進行「人本管理」。什麼是「人本管理」呢？可以理解為是以人為本的管理，也就是說一切工作要以人為中心，圍繞著人來開展，充分體現出管理的「人性化」。

「以人為本」的管理就是要在日常管理中體現其「人性化」的一面。要從關注、關懷員工的角度出發，牢牢抓住員工的「心」，順其自然的來疏通、理順、引導員工向正確的方向前進。這樣做就可以在無形中改變員工錯誤的行為，培養員工對企業的責任感，使之最終轉化為工作績效來回報企業。

至於「罰金」，對於那些從事行政工作的員工行之有效。上述事例中，「罰薪」最終解決了售樓部的問題。銷售部門為公司直接產生利潤的部份，平日裏公司會或多或少開些「綠燈」，他們在某種程度上只認「業績」不認「態度」；售樓部薪資不固定，其多少

取決於客戶的訂單量，其壓力不僅來自於各業界，還有同事之間的競爭。

其實，無論是「罰金」還是「罰薪」，要想坐收其效，最後「罰」到的必是員工的「心」。而這「罰心」則要有賴於日常管理中的「軟功夫」。無論罰什麼，都是要有效的執行下去才可以收到效果，這些規章制度的執行則是需要日常管理中的「硬功夫」。

在企業管理中，「懲罰」是手段而不是目的。人心如水，管理如器。管理並不是斷江截流，而是開江引流。這個「流」也就是員工的「心」。通過「動力」把流水引到「器」裏去。這個「器」就是企業的「規矩」。

第二節　懲罰需要從細節開始

美孚石油公司成立於 1863 年，全稱「埃克森美孚石油公司」，是一家世界上著名的跨國公司，也是世界最大、歷史最悠久的工業企業之一。公司僱員達十萬之多，年均總收入為 1372 億美元，淨利潤 85 億美元，居世界各公司之首。

美孚石油公司有一位部門經理，由於在一筆生意中判斷錯誤，造成公司幾百萬美元的巨額損失。公司上下都認為這個經理肯定會被炒魷魚，經理也做好了被「炒」的準備。在上司洛克菲勒辦公室，他深刻檢討了自己的錯誤，並要求辭去經理職務。可是洛克菲勒卻平淡地說：「開除了你，這幾百萬學費不是白交了？」這位經理萬萬沒有想到會是這樣的「處理」結果，他感動得熱淚

盈眶，不知說什麼才好。洛克菲勒說：「我知道你想說什麼，但你什麼也不用說了，回去休息兩天再來上班。」這麼大的公司，如此「從寬」懲罰犯有嚴重過錯的員工，大概在中外懲罰史上都是絕無僅有的。該公司對犯錯的員工的「寬大為懷」，實際上是防微杜漸，沒有把懲罰當作目的，而僅僅是手段。目的是找原因，想辦法，走出錯誤，迎接成功。果然，這個經理總結了教訓，提出了許多合理化的建議，勤奮工作，後來為公司創造了巨大的效益。如果當初簡單地把他開除了事，說不定繼任者還會犯同樣的錯誤。

　　按理說，由於這位經理個人的原因給公司造成了大的損失，開除也不為過。如果在別的上司面前，至少會遭到電閃雷鳴般的訓斥。訓斥，責罵，這樣的批評到後來會是什麼結果呢？一種可能是被罵之人垂頭喪氣；另一種可能則是被罵之人忍無可忍，奮起還擊，大鬧一場。問題不但沒有解決，矛盾反而加深，上下級關係更緊張了。上下不是同心同德，而是離心離德，工作會好嗎？效益能上去嗎？防微杜漸才是懲罰的關鍵所在。

🔊))) 第三節　切忌一竹竿打倒一船人

　　R 公司是一家中等規模的企業，發展一直很平穩，但這兩年受大環境影響，業績一直下降，各部門都在苦思對策，希望可以化解目前的危機。經過冥思苦想，終於頒佈了一條最新整改措施。

　　「為了激勵員工士氣，從即日起，各部門開始做業績評比，到月底交財務部結算統計，落後的部門全部減薪一半。」這是公

司老闆突然召集各級幹部開會，在會上鄭重宣佈的。

整改措施逐級傳達後，員工普遍反映強烈，大家沒想到老闆會想出這樣過激的做法。而看到大家不願接受的神情，老闆卻振振有詞地說：「你們沒看報紙？人家香港公務員不也準備減薪？」

老闆說到做到，一個月後，績效較差的三個部門果然被宣佈減薪一半。儘管此前大家都知道會有這種結果，但內心還是抱著一絲希望，希望老闆是故作聲勢嚇嚇人，目的是讓大家有緊迫感、危機感。然而員工良好的願望代替不了現實，按照最新整改措施，績效較差的三個部門還是被減薪一半。於是，公司中下層開始出現一些不滿的聲音，工作上也普遍出現消極怠工的現象；謠言四起，到最後，連老闆「沒錢發薪」的說法也「造」出來了，有些還傳到同行的公司那裏去了。這時老闆才發覺事態嚴重，重新思考對策，終於收回他的決定，取消頒佈不久的「最新整改措施」，恢復原來的制度，這樣一場風波才平息下來。

懲罰是企業老闆的「殺手鐧」，但「殺手鐧」也像一把雙面刃，有兩面性，用得好，確實能夠激發員工的積極性；用得不好，卻能挫傷員工的工作熱情。有時候，可以因為個人的錯誤懲罰一個團隊，有時候卻正好相反，卻是一個團隊懲罰了老闆一個人。

利用扣薪來處分員工，在本質上是為了阻止員工繼續犯錯，改善其工作態度，這種方法本身並沒有錯，但問題在於這個方法的具體運用上。像 R 公司的政策，不合理的地方就在於它以一個部門為單位來扣薪，而每個部門的工作內容是不一樣的，同一部門每個人的工作也是不一樣的，最後卻「享受」同樣的減薪對待，他們能接受嗎？

員工們普遍認為，老闆除了會懲罰以外沒有什麼好的管理方

法。其實，懲惡揚善是一種較好的激勵方式，但懲罰濫用就會失去原有的激勵作用。懲罰用的過多，也是管理者無能的一種表現。特別是懲罰不看後果，到頭來懲罰的苦果只有自己來嘗了。

案例　為員工做首詩

「人的種種情感在詩中以極其完美的形式表現出來；仿佛可以用手指將它們粘起來似的。」印度大詩人泰戈爾就曾這樣形容詩歌帶給人們的美妙感受。的確，詩歌是情感流露的迸發，更是交流感情的一種優美的工具。主管在考慮如何獎勵員工時，不妨考慮給員工作首詩，以表達自己對於員工辛勤工作的感謝之情。

贈送給員工的詩歌正是主管情感的一種流露，它表達著自己對員工的認可與鼓勵，員工自然能夠從中感受到主管的細膩情感或者豪邁的大氣。雖然是首簡單的詩作，員工卻會感到來自企業最上層對自己的重視和關注，而且這種重視不是以簡單的方式傳導給員工，而是通過主管用心表達的情感抒發來直接感染員工。

當然，主管並不需要做出什麼名詩佳句，或者追求什麼絕句格律，只需把你的感受轉換成一種優美的書寫形式即可，相比而言，現代抒情詩那怕是打油詩更適合主管獎勵給員工，員工也會比較容易接受簡單易懂的詩句。

如果主管沒有太多精力去創作詩歌，也可以直接把那些名言佳句直接摘抄下來送給員工，這樣同樣能夠起到獎勵員工的目的。最重要的是，無論是自己做的詩還是摘抄的詩都要通過手寫的形式，最佳的方式就是用毛筆揮毫潑墨，如果主管的毛筆筆功

不行，也可以用鋼筆字以行書或者正楷的書寫方式代替。

由於給員工作詩這種獎勵措施比較正式，所以，對於所用紙張也要格外細心，最好用宣紙或者大開本的紙張。在寫完後一定要寫上落款，註明某年某月及自己的姓名，以顯正式。

【專業指導】

- 詢問部門主管，並且到下面走一走，看看有誰為企業做出了突出貢獻，或者看看有誰在長期工作中表現都一直很出色，然後準備為這樣的員工作首詩。
- 你也可以在網上或者到書店購買一本非常棒的詩歌類書籍，並從中選取一兩句作為你獎勵員工的內容。
- 在書寫之前最好練習一遍，使自己的詩作更顯藝術氣息。
- 如果你認為自己寫得很好，那麼就把它裝裱起來，對於員工來講，得到你這樣的佳作簡直就是莫大的榮耀。
- 把你要獎勵的員工叫到辦公室中，先對其進行一番表揚，然後把自己的詩作贈送給他，以示勉勵。

案例　巧發電子賀卡

有時候，獎勵員工的最好方式就是增加其心情的愉悅感，這是讓員工真正意義上受到情感認同的最佳途徑，例如，在員工取得非常好的工作佳績時，主管完全可以在電腦上輕輕一點——向員工發送電子賀卡以示自己對他的重視和對其工作成績的肯定。

現在的網路發展已經達到了包羅萬象的地步，以至於原來很難想像的設計都可以通過網路，立體而直觀的表現出來，電子賀

卡就是其中之一。它可以實現普通賀卡很難展現的動感效果以及情感表達效果。由於它在網路上實施交流贈送，所以，就有了隨時隨地選擇，準時準點發送、準確定位目標、易於儲存等諸多便利特點。主管完全可以通過電子賀卡來動感地直接表達內心對於員工的肯定，這也能夠使員工很快接受這種鼓勵。

現在許多網站都能夠提供各式各樣的適合各種場合的電子卡片，你可以任意篩選自己滿意的卡片發送給員工，當員工接收到你精心選擇的賀卡時，他的觸覺、聽覺、視覺等一切感官都會隨之而動，從而對你的認可留下深刻印象。

當員工受到這樣一張賀卡時，一定會非常的愉快和激動，而且員工不會短時間內將其刪除掉，每當工作中出現不如意的狀況，員工很可能會多次重新欣賞你曾經鼓勵他的賀卡，這樣就會增加他們戰勝困難的信心。

另一方面，主管在員工心目中大多都是非常認真的工作形象，很難想像到自己的老闆會用現代化的娛樂手段來給自己帶來快樂，這勢必會增加你的親和力，從而提高你的威信。員工也會從這種「一反常態」的愉悅中感受到主管的善意與鼓勵，這些都加強了發送電子賀卡本身的獎勵效果。

【專業指導】

- 一張賀卡代表的是主管對員工的所有話語，所以，當你在各式各樣的賀卡中搜尋你想要的那張卡片時，你也是在搜尋鼓勵員工繼續為企業創造價值的推動力。不要小看它，滑鼠的點擊下，員工的心自然在一步步向你的心靠近。
- 收集員工的網路位址，然後在平日裏觀察員工的工作情況。
- 當發覺有需要你認可和獎勵的員工時，你可以直接在網上

利用搜索引擎，輸入「電子賀卡」四個關鍵字，從所列菜單中搜尋你想要獎勵給員工的賀卡。

- 如果你選定了一張賀卡，那麼就在員工的通訊位址後面寫上他的名字。

- 在網路上選擇賀卡一定要耐心，由於網路有不安全因素，可能會有一些內容不健康的賀卡，主管要認真甄別，否則會造成不必要的尷尬，有毀一個領導的形象。

- 發送完賀卡後，你可以再向員工發送一些文字信息，表達你的認可和鼓勵，如果員工回覆給你一個賀卡，你也要表示感謝。

🔊))) 第四節　罰要罰得明白

某公司在短短幾年發展到 300 多人，總經理很感激這批努力而勤奮的員工，於是他決定以後每一個員工生日時，公司都要為員工過生日，體現公司對員工的關心與回報。

任務交給辦公室主任後，總經理得到的實際執行結果卻是：辦公室主任把一份所有分公司員工的生日列表放在他的桌子上，說：「張總，您要的東西我準備好了。」

這是總經理想要的結果嗎？不是！總經理需要的是一個方案：不同的員工分別過什麼樣的生日，來公司一年的員工該是什麼樣的級別，來公司兩年的員工該是什麼樣的級別。總經理需要為這些員工過生日的一個預算和實施計劃方案。看了生日列表，

他發火了，說：「現在你給我這樣一個名單，難道是讓我來替你分析這些？那你們又做了什麼？」

辦公室主任誠惶誠恐，洗耳恭聽。張總經理又說：「我希望執行的員工懂得，我們的目的是要通過給員工過生日讓每一名員工感受到公司的文化，感受到公司的溫暖。」

結果，總經理對辦公室每人懲罰了 50 元，讓辦公室主任把名單拿回去重新做詳細方案。

辦公室主任以為把公司員工生日列表交給總經理就算完成了任務，他沒有明白這樣一個道理：老闆是下級的客戶，我們如何對待客戶，就應當如何對待老闆。

辦公室主任和工作人員都被罰了 50 元，對他們而言，確實是個壓力，但他們從中也感受到辦好一件事的工作方法和動力。

🔊)) 第五節　給人壓力會產生動力

像張總經理提議給員工過生日這一事件一樣，如果我們每件事都要老闆講清楚該怎麼辦，那我們自己又做什麼呢？

也許有人會說，張總經理在佈置工作時沒有講清楚給員工過生日的定義和目標，但是這也不能成為下屬推卸責任的理由。當上級在佈置工作時，如果出現不清楚的地方，責任在下級。因為，執行任務的是下級，不是上級，如果執行方不清楚，應當主動去請示，問清楚再執行。

張總經理要求把給員工過生日的目標量化是沒有錯的，但是

這個量化應當是下級提出一個大致的「量化方案」與上級討論，而不是上級完全給下級一個「量化目標」，下屬照做即可。

誠然，作為公司老闆，張總經理也有可以改進的地方，他可以要求下級在執行的時候給他一個「結果定義」的彙報，保證自己對過程結果的控制。下屬在接受任務的同時，思維也應該馬上跟進，飛快地產生一個執行的方案，當時就徵求上級領導的意見。

工作中受到批評、懲罰、感到有壓力並不可怕，可怕的是不能把壓力變為前進的動力。

有壓力就有動力，這是物理學上的一條公理，也是人生的一條公理。一個人飯後散步往往會有閒情逸致，如果挑著重擔，他立馬小步跑起來。這就是壓力產生動力。

懲罰只教人們不做什麼，而沒有教人們去做什麼。因此，要把懲罰的壓力變為前進的動力，還必須給員工指明替代性行為，當員工做出了所希望的替代行為時，最重要的是要給予及時的回饋，並進行正面強化，這樣才能使其把壓力變為動力。

心得欄

🔊))) 第六節　引導下屬認識自己的錯誤

　　休斯‧查姆斯在擔任國家收銀機公司銷售經理期間，曾面臨一種極為困難的情況。由於推銷員聽到公司財政困難的消息後工作熱情下降，銷售量也直線下降，情況極為嚴重，這很可能導致查姆斯及其手下的數千名銷售員一起被「炒魷魚」。為此銷售部門不得不召集全體銷售員開一次會，查姆斯先生主持了這次會議。

　　首先他請手下幾位最佳銷售員站起來，要他們說明銷售量下降的原因。這些推銷員在被喚到名字後一一站起來，每個人都沒有講自己的責任，只是從客觀環境中去找原因，如商業不景氣、資金缺少限制了購買力、人們都希望等到總統大選揭曉之後再買東西等。

　　當第五個銷售員開始列舉使他無法達到平常銷售配額的種種困難時，查姆斯先生突然跳到一張桌子上，高舉雙手要求大家肅靜，然後說道：「我建議會議暫停幾分鐘，我得先擦擦皮鞋。」隨後，他要求坐在附近的一名擦皮鞋的黑人小工友去替他把鞋擦亮，而他站在桌子上沒動。在場的銷售員都驚呆了，不明白這樣做為了什麼？於是便開始竊竊私語，與此同時，那位黑人小工友開始給他擦起了皮鞋。

　　由於查姆斯先生在桌子上站著，所以小工友熟練的擦鞋動作大家都能清楚地看到。只見他不慌不忙擦完一隻，又去擦另外一隻，表現出了一流的擦鞋技巧。皮鞋擦完後，查姆斯像往常那樣

給了那位小工友一角錢，然後開始繼續發表他的講話;「我希望你們在座的每一位都要好好地看著這個黑人小工友，他擁有在我們整個工廠及辦公室內擦皮鞋的特權。大家一定還記得，他的前任是位白人小男孩，年紀比他大得多，儘管當時公司每週補貼他 5元的薪水，而且工廠裏有數千名員工，但他仍然無法從這個公司賺取到足以維持他生活的費用。這位黑人小男孩卻可以賺到相當不錯的收入，不僅不需要公司補給薪水，每週還可以存下一點錢來，而他和他前任的工作環境完全相同，也在同一家工廠裏工作，工作對象也完全相同。我現在問你們一個問題，那個白人小男孩拉不到更多的生意是誰的錯？是他的錯，還是他的顧客的錯？」

那些推銷員不約而同大聲回答說:「當然是那個小男孩的錯」。

「正是如此。」查姆斯回答說,「現在我要告訴你們，你們現在推銷收銀機和一年前的情況完全相同，同樣的地區、同樣的對象以及同樣的商業條件，但是你們的銷售成績卻比不上一年前，這是誰的錯？是你們的錯。我很高興，你們能坦率承認你們的錯誤。我現在告訴你們，你們的錯誤在於，你們聽到了本公司財政發生困難的謠言，這影響了你們的工作熱情，因此工作不像以前那樣努力了。只要你們馬上返回到自己的銷售區，並保證在以後30 天內每人賣出 5 台收銀機，那麼本公司就不會再發生什麼財政危機了，以後賣出去的都是淨賺的，你們願意這樣做嗎？」大家都說願意，後來果然辦到了。

查姆斯不僅指出了下屬業績下降的原因，還為他們激發了鬥志。這件事扭轉了該公司的逆境，帶來的價值相當於 100 萬美元。

案例　給員工們配一個「秘書」

　　主管都有自己的秘書，目的是讓她們來幫助自己處理一些瑣碎的事情。如果你感覺你的員工由於緊張而忙碌的工作產生一定壓力的時候，你就應該想辦法為其解壓，一個有效的獎勵方法就是為員工們配備一個「秘書」，幫助員工解決工作生活一些小事，替員工分擔一部份的辛勞，以達到認可和獎勵員工的目的。

　　方法很簡單，只需要企業出資僱用一個專職人員來幫助員工處理各種生活瑣碎小事的人。例如幫助員工訂餐，幫助員工訂電影票，幫助員工打掃辦公室，幫助員工整理文件等等。這些都是企業為員工能夠更好的工作，幫助他們提高工作效率所做的努力。同時也可以通過這樣的方式來表達企業對員工的關懷。

　　員工有了這樣的得力「助手」，就可以把精力集中到工作中，而無須為小事分憂，為瑣事犯愁，極大地激發了員工的工作積極性。值得注意的是，這種獎勵措施也是對一個團隊的鼓勵，可以讓團隊中的每一個人都深受鼓舞。

【專業指導】

・讓專職的人處理員工工作生活中的瑣事，可以幫助員工集中精力處理工作任務中的大事，對於員工來講，這項獎勵措施具有非常好的實效性。

・當你的員工或者團隊正在完成一項艱巨的任務時，你可以考慮使用這種獎勵措施來為員工解決「後顧之憂」。

・你可以與其他部門的主管開會討論一下，看看是否有必要為每個部門都配備一個這樣的全能「秘書」，以達到擴大獎

勵範圍的目的。

· 當這樣的人員沒有正式上崗的時候，你可以充當員工的「秘書」幫助他們處理一些瑣事，這樣可以極大地鼓舞員工們的士氣。

案例 從禮品單上挑選

企業管理者也許考慮了贈送給員工獎品對於認可員工的重要性，但是卻忘記了員工是否對那種獎品有所喜歡，如果你送給員工一個不喜歡的獎品，很顯然認可和獎勵員工的效果就會大打折扣。

那麼，你不妨採用一點民主政策，放棄過去那種先買後獎的方式(也就是說，過去獎勵員工都是把獎品買完後贈送給員工，這種辦法並沒有考慮員工的意願)，而是採用先選後買的方式(就是員工先選擇獎品的種類，企業根據員工的選擇意願再去購買獎品，這明顯更具人性化)。

把獎品的名稱、形狀都列印在幾張彩色的紙上，然後讓員工挑選自己喜歡的獎品，這樣不但會達到獎勵員工的預期效果，而且不會造成什麼不必要的損失。

員工可以通過這樣的獎勵辦法體會到管理層對自己工作的關注和認可，也可以通過這樣的獎品選擇方式獲得心理上的滿足。

同時，這種獎勵方法還顯得非常正式，有利於鼓舞更多的員工積極地工作，進而獲得你的認可。

【專業指導】

• 讓員工有選擇自己獎品的權利，是對員工的一種尊重，也是對企業資源的一種節約。

• 列出一份工作出色的員工名單，作為獎勵目標。

• 製作一份禮品單，你可以派人到商場中去要這種宣傳單，商場方面也會很願意向你提供這樣的產品信息。

• 把禮品單發給你要獎勵的員工，讓他們選擇自己想要的獎品，員工可以先在禮品單的上方空白處填寫自己的姓名，選擇具體的獎品後在相應的框裏打個鉤即可。如果你想增加獎勵的效果，你可以給員工每個人選擇三樣獎品的權利。

• 把這些禮品單回收上來，然後根據每個人的選擇購置獎品，再贈送給員工。

心得欄

_____

_____

_____

_____

_____

第 *9* 章

主管應靈活運用的高明激勵手法

第一節　打個電話就能激勵

　　當在家裏看電視時，你突然接到老闆的電話，這個電話並不是要和您談公事或是有什麼急事要您立刻去處理，而是一個類似老朋友之間的聊天電話時，您會有什麼樣的感受呢？

　　有一家公司的總經理林先生，就是用這種方法來縮短他和員工之間的距離的。他總是不時地拿起電話，直接打到員工家裏去和他們聊天。當然，他在打電話之前會做一些準備工作，就是拿起他的員工記事本先翻一翻，這本員工記事本裏面有每一位員工及其家人的詳細資料，如名字、生日、嗜好、喜歡那一項運動、是那一隊的球迷、專長、在那裏服務、就讀的學校、上一次電話聊天的重點等，因為有了這些資料，不管是誰接了這個電話，他都可以聊上幾句。

　　林總經理認為，這種距離的縮短不但會使他與員工們之間的

感情更融洽，同時也使得大家對公司的向心力無形中增強了許多。向心力的增強對提升員工的效率、士氣等自然大有幫助。

　　電話不但是一種溝通的工具，更是聯絡感情的好工具，因為透過這個「一線牽」是可以拉近相互間的距離。當然，如果我們也能像那位林總經理一樣事前有所準備的話，相信不僅是電話，通過電腦網上聊天(當然員工也是個「網迷」)也可以，其效果可能會更好。

🔊 第二節　士為知己者死

　　一位部門經理說，有好幾次他實在是受不了工作壓力，都把辭呈準備好了，可一想到老闆他就情不自禁紅了眼眶，而把辭呈給撕了。老闆和他有什麼關係？為什麼對他的影響力這麼大呢？

　　其實，老闆和這位經理非親非故，只不過老闆除了把他當屬下看待之外，還把他視為一個無所不談的好朋友，經常邀他出去喝上兩杯，把一些與他無關的公私事，利用這個時刻和他一起討論，並徵詢他的意見和看法。此外，老闆家中如果有什麼活動，他也常是被邀的座上客；而他的家中如果有什麼事，老闆也都會參與。舉個例子來講，像他孩子的生日，老闆只要是人在公司，都會帶一份小禮物去他家裏和他們共同慶祝。

　　有一句話叫「士為知己者死」，既然老闆把自己當成知己的好朋友，那麼朋友有難，這位部門經理當然是不好意思袖手旁觀了。

　　作為一個管理者，如果我們能讓自己的屬下心目中也能產生

類似這位部門經理那種被上司視為知己的感覺的話，相信這種感覺所產生的力量將是其他種的激勵方式所無法比擬的。

第三節　生日聚會的激勵

有一位公司老闆講述過一個很富有人情味的激勵例子。有一天，他的一位部門主管向他報告，他們準備辦一次很特殊的生日派對，來激勵某一位部屬，因為這個人的確是一位非常優秀的員工，上上下下對這位員工的印象都非常好，所以他非常贊同並鼓勵這位主管的行動，也願意全力的配合。

當天，這位主管找了一個理由，特意安排這位員工到外面出公差，並務必在下班前趕回辦公室向他彙報工作。到了下午五點三十分左右，這位員工回到了辦公室，當他一進門，整個狀況讓他傻了眼：辦公室靜悄悄的，不但看不到一個人，而且燈還是關著的。他懷疑是不是自己回來得太晚了，於是看了看手錶，沒錯啊，是下午五點三十分，照理說以往這個時候辦公室裏應該是非常忙碌才對，難道有什麼不對嗎？

就在他愣在那裏的時候，突然，總經理室及經理室的門被打開了，所有的同事們都一邊唱著生日快樂歌，一邊陸陸續續地從裏面走了出來，他們手上有些人拿著吹好的氣球，有些人拿著彩帶。他還看到總經理親自推著一輛放著一個已點燃蠟燭的三層生日蛋糕的車子出來，而緊隨總經理之後的竟然是他的雙親和太太。

這位公司老闆說，他當時看到這位員工被感動得落下淚來。

出奇制勝是在兵法裏面常用到的一招，它會讓對方來個措手不及而慌了手腳。其實，在激勵員工的士氣上，它也有異曲同工之效。當然，這裏不是要讓被激勵的人措手不及，而是要讓他因這種突如其來的舉動而留有一個很深的印象。不過，同樣一種出奇制勝的激勵招數不能常用，否則就不會讓當事人驚喜了。

案例　壁畫的妙用

員工辦公室中的牆壁很少被利用，這無疑是一種獎勵資源的浪費。主管可在這些牆壁上擺掛些壁畫，表達對優秀員工的獎勵。

擺掛幾幅生動的壁畫使辦公室中多一份藝術的氣息，營造一種溫馨的氣氛，可以有效的緩解緊張工作帶給員工的疲勞感，同時也可以緩解激烈競爭帶給員工的心理壓力。

當然，如果壁畫所反映的藝術特徵不能使人放鬆心情，那麼獎勵效果將適得其反，員工看到壁畫會非常的生氣或者感覺到壁畫已經妨礙到了自己的工作。試想，只要自己抬頭就會自覺不自覺的看到自己不喜歡的東西，那麼誰又能有個好心情去工作呢？所以，關於壁畫的選擇至關重要。

一種有效的方法就是讓員工選擇自己喜歡的樣式。主管只需向員工們提供一本壁畫樣式的小宣傳冊，給員工們充分討論與選擇的空間後，確定壁畫的具體樣式，然後按照員工的選擇去購買。

這種過程本身就是對員工的一種尊重和對其以前工作成績的一種認可。員工會從你為他們購買的壁畫中感受到你對他們的關注，也可以感受到你對他們工作的支持與鼓勵。

【專業指導】

- 壁畫之類的擺設品和藝術品可以使員工的工作生活變得多姿多彩，避免員工因為壓力和勞累導致情緒上的波動。

- 首先在網上尋找企業附近距離企業最近的藝術品市場，然後，親自去實地觀看一下，看看那種壁畫能夠讓員工喜歡。

- 設法讓銷售商送給自己一個樣式介紹冊，然後回去拿給員工們看。先不要告知他們要獎勵的消息，只需徵求員工的意見，例如問員工「你們認為這些畫那幾張好看？」當員工選好自己認為非常漂亮的壁畫後，你先不做聲，按照員工的選擇去市場購買，買回後掛到員工辦公室四週的牆上，一定會給員工一個驚喜。

- 你一定要注意壁畫的樣式和內容是否會使員工的精力分散或者影響員工的工作心情。這樣才能既讓員工放鬆心情，又能夠讓員工以更好的精神狀態投入到工作中。

- 擺放壁畫時，千萬不要打擾員工的正常工作，最好是在員工都下班回家後再把壁畫安放到牆上。

 案例 給員工加點分

在一些著名的跨國企業中，經理人常常把員工的個人表現和獎勵措施有機地結合起來，形成一種非常實用的獎勵制度，用以鞭策員工，為企業創造更大價值。其中一種非常著名的制度就是評分獎勵制，這種方法非常適合在企業中實施。

評分獎勵制的基本內容就是，經理人根據客觀的情況設立一

定的分數值，當員工表現出色時就會獲得經理人給的一定分數，當員工的分數積累到那個分數值時，員工就可以根據不同的分數值換取與之相應的不同獎品或者其他獎勵。主管需要做的就是公正的給員工打分，然後根據分數獎勵他們。

評分獎勵制的優越性顯而易見。一方面，員工始終會保持一種積極地工作狀態，因為分數的誘惑會引導員工始終在工作中投入相當程度的熱情，他們所得分數越高，獎勵就會越多，所以，每一名員工都不想錯過獲得獎品的機會。另一方面，當員工每次獲得主管所打的分數時，其實就是獲得了來自你的認同，而那些分數只不過是一種鼓勵的符號而已。員工會非常感謝你的鼓勵，而且會興趣很高地配合你實施這種獎勵措施，這有助於經理人拉近與員工的距離，獲取難得的威信力。

評分獎勵制將在企業的長期制度中佔有相當重要的位置，隨著這項獎勵措施的長期堅持和有效實施，必然能夠提升企業的整體工作效率，促進企業核心競爭力的持久增長。而員工在這項獎勵措施中既是受益人又是參與者，正是由於員工的出色表現，才會得到你的認可，而你的認可必然會使他們更加珍惜勞動所創造的價值，使它們將這種獎勵制度推向長效化。

這項獎勵措施非常實用，值得經理人去分析評判，更值得向此方法借鑑學習。

【專業指導】

・研究一套嚴密的評分制度，制定實施這種制度的細節計劃，徵求部下的意見，設定分數值所得界限，最後將這個制度向所有員工公佈。

・在網路上搜索出那些專門生產各種獎品的供應商，然後在

網上點擊他們的網站，瞭解他們的產品和服務條款，看看那家供應商適合約自己的企業建立這種長期的供貨合作關係，然後派人去先採購一些他們的商品以檢測是否有品質問題，經過一段時間的使用後再確立長久的合作關係。

· 在每一個分數值獎品的選擇上一定要下足功夫，例如當員工獲得 10 分時獎勵個性杯，當員工獲得 20 分時可以獲得精美茶具……總之，高分數值的獎品價值必然要比低分數值的獎品價值要高，這樣才能充分激發員工獲取分數的積極性。

· 一定要派專人記錄員工的表現分數，每得一分都要告知員工，當然可以採取分數公示的方法。另外，當員工能夠獲得獎品時，最好由部門主管或者主管親自頒發禮品，以示重視。

· 主管可給員工加分，也可給員工減分，當員工表現很差時自然要受到一定的懲罰。而減分不但不會引起員工的抵觸，還會有效激勵員工努力工作，畢竟他們為了得到獎品還是要把失去的分數得回來的。

心得欄

第四節　給員工提供方便

　　有一位台商講述他公司的情形。因為他的公司規模很小，所以平常在工作的分配上沒辦法像大公司一樣分得那麼清楚。因此，他的員工們是正事要辦，雜事也要管，這些員工可能已經習慣了這裏的工作環境，再則這些員工都是一些很不錯的員工，所以從來沒有人跟他抱怨工作上的問題。

　　既然員工們這麼認真負責，所以做老闆的也不時地為他們設想。公司小，在某些方面也是一種優勢，在運作上往往可以放得開，只要能給員工方便之處，即使是公司吃點虧他也不會在意。

　　在他所用的對待員工的方法中，值得一提的就是該公司的年假。每年的年假他們總是比規定的假期要多放四天假，就是首尾各加兩天。

　　為什麼公司要這樣運作呢？這位經營者表示，因為該公司有不少員工是外地的，而過年對所有的中國人來說，是最重要的全家團圓的日子。他發現，在除夕的前幾天大家的心都已經在過年了，有人忙著辦年貨，有些則擔心返鄉的交通問題。而休完假時，因為大部份人都要趕在同一天上班，所以交通方面存在問題，又往往會影響到這些員工的心情。因為他的公司規模不大，所以無法替這些返鄉團聚的員工們安排返鄉的專車，只好退而求其次把乘車的高峰期錯開，如此員工們就能快樂又安心的過個團圓年了。

　　他更認為，一般過年前後，員工受到年假的影響，效率本來

就不會很高，所以他這樣的安排其實對公司的影響並不會太大，但在員工心中的感受就完全不一樣了。現在的企業結構中，中小企業佔了絕大的比率，當然中小企業因為條件沒有大企業那麼好，所以運作起來會有很多的地方與管理的理論與原則相悖。不過，這種缺點如果換個角度來看的話又變成了優點，也就是中小企業的運作可以有非常大的彈性空間可調度。

這家公司的老闆就是充分運用他所掌握的優勢，造成企業與員工雙贏的一個局面。

的確，如果一位經營者能多花一點心思為員工們著想，而員工們也能多體諒公司的處境，那麼大家相處起來一定會很愉快的。

🔊 第五節　能叫出員工的名字

不知你是否曾在報紙上看過這種情況，有一些演員說他們很怕上街，因為怕被別人認出來而無法自由自在地逛街，因而感到非常的不自由。當然，身為一位公眾人物在很多的地方是和平常人有一些差異的。不過他們雖然話是這麼說，其實在內心裏應該是剛好相反，因為演員是活在掌聲中的一群人，一位演員走在街上被叫得出名字，不但表示自己是成功的，更表示自己受到其他人的重視與歡迎，這種感覺會讓一般人當然更包括演員感到非常開心。反之，如果沒有人知道他是誰，等於沒有了掌聲，那麼就表示這位演員的知名度實在太差了，他再不努力的話，大概不久就會變成和你我一樣的平常人了。

有一家大型公司的老總，他的記憶力奇佳，幾乎可以說是已經到了過目不忘的地步。他把這項專長不但用在企業的經營運作上，也將它用在對員工們的激勵上。他是怎樣發揮這項專長的呢？當他在上萬人的大企業內巡視時，看到了員工不但會主動和他們打招呼，而且還能夠叫出他們的名字來，甚至還能把這位員工過去的一些表現說出來。

他的這種動作讓許多員工有受寵若驚的感覺，因為「一位日理萬機的老總居然能夠記得我們的名字，還記得我們過去的一些事情，可見他是多麼重視與關心我們。」當員工們有了這種受到尊重的感覺時，對公司的向心力當然會有積極的作用。

這裏介紹的這位經營者用活了他的長處，而且讓員工們覺得開心，這在管理上是一個非常可以參考的方向，相信許多老闆也有其他一些長處，好好用活它們或許可為你帶來有效的激勵妙方。

◀))) 第六節　幫助員工解決問題就是激勵

一個人在他的人生旅途中，難免會遇到所謂的「紅白事件」。如果這個「紅白事件」是發生在別人身上的話，那麼對我們應該不會產生太大的壓力才對。可是，如果它是和自己切身有關的話，尤其又是遇到不幸的「白色事件」時，相信會給大多數的人帶來相當大的壓力。因為這種事件有著太多的禮儀要去遵循，而這些禮儀一般人是不會太有經驗的。因此，在面對這種問題時，大部份的人會因為怕失禮而導致慌亂得不知所措。

　　一家公司的總務部門有一項額外的工作，就是協助員工面對自身的「紅白事件」。當員工們遇到這方面的事情時，如果自己不知道該如何處理，可以找總務部門來商量，他們會提供給員工們有關的意見與做法，甚至還可以出面幫助員工們來處理。因為他們的經驗比較豐富，所以如果有他們協助的話，不但可以把握分寸，同時可以幫助員工們節省開支。這種幫助員工們解決問題的做法大大地激勵了員工的士氣。

　　當一個人碰到了問題而又不知該如何去化解，這種苦悶恐怕難以用筆墨來形容，如果這個時候得到了別人相助，相信他心中的感激之情也是難以用筆墨形容的。

案例　讓員工去聽演講

　　大多數主管都聽過由商業人士或者是經濟學者主講的商業演說，想必每次聽完你都會收穫頗豐，一些觀點在平時確實是無法獲知的，而一些經營理念和方法也確實只有在演講時才那麼扣人心弦，讓人心動。

　　這就是演講的魅力，在激情的解說中闡述自己的觀點，讓聽者跟自己一同感受思維的跳躍發展。同樣，主管在獎勵員工時，不妨讓員工去聽一場演講，達到認可和鼓勵員工的目的。

　　演講的主旨大多和我們的工作與生活息息相關，大多數演講者的目的在於讓人們能夠更多的瞭解相關的知識，使人們的想法在這種陳述中得到進步。你的員工很少接觸演講這類聽覺享受，那麼你就應給他們這樣一個機會，讓他們去聆聽別人的世界，再

通過思維判斷來引導自己的現實世界。

　　當員工得到你給他的講座門票時，員工同時也就得到了進步的機會，他會非常重視你給予他的認可，而且還會非常認真地聽完演講的內容，因為你說不定會問他一些關於演講內容的問題，這又一次達到了認可的目的。

　　關於所聽演講內容的選擇，主管要尊重員工的個人興趣以及員工的工作性質。演講人也是多種選項，有著名的企業家、企業管理方面的專家學者、電影明星、電視劇明星、新聞事件的相關人物、知名的作家、軍事專家、科學家、運動健將、政府官員等等。當然還有一些企業的模範，他們的演講非常適合員工去欣賞，員工可以從中領會到如何樹立責任心，如何去發掘自身的最大價值，如何去為企業增創效益。如果員工見到了非常著名的人士，如電影明星等，員工回來時一定會興高采烈的跟同事講述那個美妙的一刻，同時員工也會倍感自豪和光榮，因為這是你給予他的機會。當然，其他員工在聽了他的述說之後，以後定會加倍努力的工作，因為他們也想去見識一下演講的真正魅力，並期待下一次你能夠把票送到他們手中。

【專業指導】

- 聽取演講總是可以學到很多東西，主管要做的就是給員工學到東西的機會。如果演講內容與公司正要進行改革行動相關，更佳。另外，如果你的員工在細心地聽取演講時，忽然發現你就坐在他們身後，他們不但在聽覺上得到享受，而且在心理上也會得到巨大滿足。

- 如果有名人進行演講，一般都會提前很長時間進行宣傳，你可以上網查一查，看看最近將有那些名人要到你所在的

地區進行演講活動。

- 聽演講之前最重要的是要打聽明白演講的主題，然後你可以根據演講的主題來分析那些員工適合去聽這些演講。

- 把那些要獎勵的員工叫到辦公室跟他們暢談一番，主要對他們的工作表現做出肯定，然後把票送給他們，讓他們去聽演講。

- 當然，如果主管要突出強調自己對優秀員工的重視，那麼主管應該帶著這些受獎勵的員工一起去聽演講，回來後可以互相探討一番。

- 當員工聽完演講回來之後，你可以讓他們寫一份心得交給你，以顯示對他們的重視。

案例 員工當「老師」

此則工作與上一則相關連，當員工學習了專業課程回來時，你就可以利用他所學的知識，獎勵給更多的員工，主管可以在企業內部設立一個長期的教學體系，由你的員工擔任教師，主講的內容就是他所學的那部份課程。如果你想讓更多的員工從中受益，那麼你就應該擴大這種獎勵的範圍。

選擇一間閒置的辦公室當作這個內部的課堂可以說是利用了企業閒置的資源，然後再添置一些教學用具用以幫助你的員工能夠更好的發揮自己的學識。這樣一個小小的課堂就產生了。

對於主講的員工來講，這無疑是種獎勵。當他被你選中當上主講人那一刻，就代表你對他工作的認同，當那名員工走上講台，

他的責任感就會愈發強烈，而當他把知識傳播給其他同事的時候，他的成就感也會由然而生。主管恰恰滿足了他這種心理上的需求，認同感、責任感、成就感以及進步感都被那名員工獲取，可知這種獎勵對於員工的鼓勵作用，那名員工會更加認真努力的完成你賦予他的職責。

這種獎勵辦法同時也是獎勵那些聽課員工的機會。由於日常繁忙的工作，他們很少有機會近距離聽取專業方面的知識講解，而在公司內部的課堂上他們可以通過這樣的一個平台從他們熟悉的不能再熟悉的同事那裏獲取知識，而且越是與主講員工熟悉的人，就越能夠輕鬆理解他講的內容。

當主管決定讓你的員工當「老師」的時候，你應該讓其事先把所講的課程都熟悉的透徹些，然後讓其將所學的知識和平時員工在工作中的實際情況聯繫起來，這樣企業的「課堂」才真正發揮其獎勵員工，提高工作效率的目的。

【專業指導】

- 如果員工能把自己的所學傳播給更多的同事，那麼他就發揮了除工作以外的另一種價值。對於主管而言，這種價值的獲取正是通過獎勵措施來挖掘的。

- 把那些已經接受過某方面課程學習的員工聚到一起，然後討論所學知識與現實工作之間的聯繫，探討怎樣把知識理論和實際工作結合起來，並告訴他們你要開設「企業課堂」的想法，讓他們提一些意見。

- 觀察這些員工，看看誰能夠勝任講台上那名教師的重任，然後對他表示你的感謝與期待。

- 盡量滿足員工教學時所需要的一切設備，可安排專人去買。

- 為達到獎勵更多員工的目的，你要觀察員工最近的表現，然後確定參加學習的人員名單。
- 計劃好課程安排以及實施時間，不能讓這種內部教學活動影響正常的經營生產秩序。

第七節　「聆聽」也是一種激勵

　　激勵不一定要非用「給」的，用「聆聽」的方法也是不錯的。某公司李總經理每當發現某位員工情緒不太穩定，或是問題出得比較多時，他會主動邀他到公司附近的咖啡屋坐一坐，請他們把心中的苦悶吐一吐。

　　大多數的人當心中有苦悶時都很希望有個發洩的對象，使自己的情緒能宣洩一下，因為經過宣洩之後心情會比較舒坦，而且一個人身心愉快的話對工作的效率與品質也是會有所幫助。

　　李總經理舉個例子說：有一次他發現一位一直都是以愉快的心情來面對工作的 A 君，最近好像沒有過去那麼開朗，於是他邀請 A 君到咖啡屋去聊天。

　　原來 A 君的上司過去經常會找 A 君談工作的狀況，讓 A 君覺得非常受重視，可是最近這一個星期，他的上司不但不再找他談工作，就連 A 君送上去的計劃或是報告等也都被壓在上司那裏，這種種異常讓 A 君直覺到是不是自己在那些地方出了錯或是得罪了上司，他的上司才會如此對他。

　　其實這完全是 A 君自己多慮了，因為 A 君上司的孩子最近得

了重病，住進了醫院，已經將近一個月了還未能痊癒。現在，他的上司每天晚上都要到醫院去陪孩子，所以他的精神及情緒上都受到了影響。

經過李總經理這麼一解釋，A 君知道是他誤會了上司，既然苦悶被解開了，他的心情馬上就豁然開朗了。

大家不要小看「聽」，有的時候用「聽」來解決問題，它的效果可能要比其他的方法來得快、來得有效，因為這些問題只要讓當事人發洩就沒事了。

◀))) 第八節　小動作大激勵

企業要想激勵員工，其實並不需要什麼大學問，也不一定要花大筆的鈔票，只要肯用心，就不難發現企業內有很多現成的資源與機會可以用做激勵因素，只要能夠好好地把握住它們，往往能夠發揮很好的激勵效果。

有位主管的雙親在某個假日前夕，從東北到北京來探望他們的孩子，這位主管的老闆得到消息後，就把他的車加滿了油交給這位主管，要他在這幾天的假期裏開著這輛車好好帶著父母去玩。

相信這位老闆的這個舉動一定會讓他的下屬在父母面前顯得非常有面子，而在另一方面，那位主管的雙親也一定會覺得這位老闆是一位非常有人情味的人，從而會督促他們的孩子好好工作，不辜負這麼一位好老闆。

這種能讓孩子在自己的父母面前覺得很有面子，同時又能借

用父母的力量來影響孩子表現的做法,的確是一種激勵的好方法。

企業想激勵員工並非要花大筆的鈔票,只要肯用心,那怕是小小的一點心意,員工們也會感受到的。

 ## 案例　開一瓶香檳酒

人們常說,香檳是法國人的驕傲卻帶給全世界歡樂,F1方程式賽道的終點,冠軍盡情噴灑香檳的泡沫來慶賀勝利;瑪麗皇后二號下水的一刻,一瓶香檳砸向船頭象徵著對她一帆風順的祝福。名流雅士都在頌揚香檳,包括最有權勢的男人:邱吉爾、拿破崙,和最風情萬種的女士瑪麗蓮·夢露、蓬皮杜夫人。正如英國著名經濟學家約翰·梅納德·凱恩斯所說:「我畢生唯一的遺憾,是沒有享用更多的香檳。」

雖然香檳是外國的產物,但是現在越來越受中國人的歡迎,因為香檳本身就有喜慶的寓意。在英文裏,香檳「CHAMPAGNE」一詞,與快樂、歡笑和高興同義。所以,當你在員工出色地完成了一項艱巨的任務或者重大的任務時,你可以在眾多員工面前開一瓶香檳酒,並把酒瓶裏噴出的香檳酒伴隨著愉快,激動,喜悅一同噴向你要獎勵的員工,以表達你的認可和感謝。

當員工完成任務之前,絕不會想到你會這樣為其慶祝的,香檳酒所噴灑出的喜慶氣氛是員工所想像不到的,這也必將感染在場的所有員工,並向受獎員工進行祝賀,受獎的員工自然會有很高的榮譽感和滿足感。當你舉起杯向員工致敬時,員工會非常感謝你對他們的鼓勵。

如果你能在慶祝活動結束後，再慷慨贈一瓶香檳給員工，那麼員工將格外珍惜這瓶代表著你賦予他無上榮譽的珍貴禮物。

【專業指導】

- 查看員工即將完成你所交代的任務的日期，然後經常去觀察員工的工作情況。在此期間，你可以上網上或者親自到商場中挑選一瓶或幾瓶你認為非常好的香檳酒。
- 事先不要告知員工，你可以把香檳酒和杯子都藏到櫃子裏，等到員工完成工作時，你突然取出噴灑並高呼對員工的讚揚，激發現場的氣氛。
- 你也可以把你要獎勵的員工和各部門的經理都叫到辦公室，然後當著部門負責人的面對員工進行祝賀，並當眾表揚員工，然後你再拿出你準備已久的香檳酒，噴灑慶祝一番，這種方法顯然非常禮貌，不會嚇到員工。

 案例　設立銷售冠軍獎

銷售人員是企業最為倚重的一部份員工，那麼如何獎勵銷售人員呢？主管不妨設立一個銷售冠軍獎，以示對他們工作的認可。

你可以事先製作一個獎盃，上面刻著某某公司銷售冠軍獎的字樣，然後把要獎勵的員工名字也可在上面，為這名員工舉行一個儀式，並親自把獎盃辦法給員工，並授予其銷售冠軍稱號，以表示你對員工出色成績的肯定。同時向員工發放一些現金或者採取一些相應的獎勵措施來表達你對員工的鼓勵。

除現金以外，有很多獎勵員工的辦法，但實施起來卻很複雜。

在實施非現金獎勵措施時，成功的關鍵之一在於這些措施都是銷售員想要的。有些公司為此提出了好幾種可以自由選擇的辦法。例如，一些公司允許銷售員在旅遊、商品、兌換成現金、換成個人喜歡的東西、取得自己喜歡的商店或者美容院的消費卡等之間作選擇。

在執行過程中，作為主管，首先要問自己的銷售員對什麼感興趣，最喜歡什麼，然後根據他們的喜好，獎勵他們想要的東西，儘管這種獎勵有時看起來挺奇怪。例如更多的時間與家人在一起、到別的城市觀看自己喜愛的球隊比賽、選擇適合家庭參加的體育娛樂等。

當然，像其他銷售策略一樣，主管必須知道這種鼓勵方法是否對公司有效，例如銷售業績是否因此而增加了或者投資回報是否提高了。一些外國公司就提供了很好的模式，並且很有特色。

例如一家美國公司從新年開始，公司副總裁請來一群戰鬥機飛行員對自己的銷售員進行培訓，幫助他們樹立一種戰鬥的意識，學習如何執行計劃，如何向經理層報告收入和損失，以及如何提高業績等。

隨即，他對自己的銷售代表發表了鼓動性的講話，安排部署了非現金獎勵計劃。半年後，60位表現最佳的代表被送到科羅拉多州享受榮譽度假。那兒不僅能玩高爾夫、騎馬等，還能參加公司的策略討論。

到了年末，表現最佳的銷售代表們可以與公司 CEO 和總裁們一起，參加總裁俱樂部旅行。他認為這些措施提高了員工的投入程度，公司 2004 第二季銷售量增長了 11%。

另外，為配合「商場就是戰場」的主題，曼登每個月、每個

季都會對表現突出的代表進行表彰。例如，表現穩定的代表獲得「老 A 獎」；總是超過目標的代表獲得「神槍獎」；幫助支持別人的代表獲得「參謀獎」等。

例如，為了鼓勵銷售代表能認真傾聽顧客，看是否需要別的服務，因為這常常意味著產生更多對公司產品的需求，一些管理者還特意設計了一種獎勵措施：銷售代表不會僅僅因為簽訂銷售合約而得到獎勵，而能從促進跨部門銷售和提高對原有客戶的服務上獲得回報。

又如，在提高銷售代表盯住週期長大客戶的效率時，有效地獎勵內容包括，要銷售代表提出「10 個最有可能的大客戶」的計劃。

歐美一些企業獎勵銷售人員的措施值得中國企業參考，但還是要根據本公司的實際情況而定，這樣才能配合銷售冠軍獎項的設立，發揮其最大的效用。

主管需注意，銷售冠軍獎的評選必須以業績說話，不能僅憑個人喜惡。這關係到是否能夠有效激勵銷售人員去努力創造效益，否則這個獎項的設立就毫無意義，也達不到獎勵員工的目的，而僅僅是主管的個人意識罷了。

【專業指導】

- 與銷售部門的主管討論設立銷售冠軍獎的具體事宜，然後確定在什麼時間段內獎勵一次，例如每月銷售冠軍獎，季銷售冠軍獎，年度銷售冠軍獎等，如果能夠搭配設立獎項，獎勵效果將更加明顯。
- 考查銷售人員在這一段時間內的表現，然後選出業績最好的一個或三名員工，準備獎勵其銷售冠軍獎，當然，三個

人可以是並列冠軍，也可以是銷售冠軍、銷售亞軍、銷售
季軍。

· 製作能夠體現企業風格的獎盃，作為對稱號獲得者的紀念
和鼓勵。

· 你要事先準備一套別的獎勵方法來配合銷售冠軍獎的授
予，這樣才能真正表達這個獎勵辦法對員工出色工作的認
可和激勵作用。

))) 第九節　著名企業激勵員工的方法

①蘋果電腦公司請研發出 MACINTOSH 電腦的主要員工簽名，
並把他們的簽名全刻在該型電腦的內部。

②大都會汽車公司每個月選出表現優異的員工，然後利用經
銷商的大電子螢幕，在上面打出「本月份優秀員工」的名字。費
城市政府也有同樣的做法：他們在市中心一座摩天大樓四面的大
電子螢幕上打出字幕，來表揚當地的教育主管：「費城恭賀克雷頓
博士服務滿十週年」。

③聯邦快遞用員工子女的名字為新買的飛機命名。公司以抽
籤的方式挑選幸運者，選中之後，不但把其孩子的名字漆在飛機
的鼻尖上，而且把孩子和他的家人送到飛機工廠，參加命名儀式。

④大西洋貝爾電話公司的移動電話部，用優秀員工的名字作
為中繼站的站名。

⑤太平洋瓦斯與電力公司的員工完成某一特殊任務時，用類

似輪船用的汽笛聲響遍四方。

⑥為了獎勵某一位連鎖店經理，克蘋爾服飾連鎖店的地區經理選一個星期六去代替這位連鎖店經理工作一天。

⑦生產醫療電子產品的物理控制公司，每一位新員工進來時，不管他的職位高低，總裁辛普森一定找時間與他相處一個小時。同樣，玫琳凱化妝公司的新進員工在進公司一個月之內，公司創辦人玫琳凱‧艾許一定會接見他們。

⑧田納西的「管理 21」管理顧問公司持有貴賓證的優秀員工能夠享受一個月或一個季的免費權益，譬如在員工餐廳免費吃午餐、免費使用公司的健身中心或者免費使用停車場。

⑨給員工小小的驚喜，例如給會計、總機、接待員買些甜麵團或糖果；在忙碌的工作之後，付錢讓女性員工利用中午時間去修指甲；有時員工因為太忙沒有時間準備子女的生日派對，他會去買些現成的派對裝飾品送給員工；員工升遷時，贈送其一個公事包，上面印上該員工的姓名縮寫；本來某部門要舉行例行會議，他卻宣佈利用那個時間整個部門到公園去野餐，而且還讓部門主管帶香檳酒和草莓蛋糕請大家吃。

⑩某家醫院的員工獎勵活動全部由員工自己策劃，不管什麼時候到醫院去都會發現，他們隨時都在進行 12～15 種獎勵方案。舉個例子來說，清潔工們規劃出一個「金掃帚獎」，他們在小卡片上印上金色的掃帚，假如非清潔人員主動把垃圾撿起來，他們就送給他一張卡片，卡片累積到一定數量後可以換取各種小禮品。

⑪福特汽車與美國電報電話公司用他們的員工擔任電視廣告的角色。印弟安納波里斯電力公司為優秀員工付一個月或一年的停車費。

🔊 第十節　千奇百怪的激勵技巧

①設置豪華淋浴房。David 廣告創意公司的老闆下令在洗手間隔壁闢出兩間淋浴室，淋浴室很寬敞，裝修豪華，備有吹風機、梳粧台。

②老闆請吃免費午餐。Rachel 公關公司的中層經理每過一段時間就可以單獨和大老闆一起吃午飯，選飯店、點菜都是下屬的權利，老闆只負責埋單。吃一頓免費行餐沒有多大的激勵，可這背後的好處可不是幾百塊錢能衡量的。大家平時工作都很忙，見到老闆也就是匆匆忙忙彙報一下工作了事，有這樣一個固定的非正式溝通管道，效果馬上就不一樣了。

③一年一副新眼鏡。Daniel 軟體銷售公司有一項很得人心的福利——每年 800 元的眼鏡費。據說因為是軟體公司，大家眼睛損耗得厲害，買眼鏡是必要支出。框架眼鏡、隱形眼鏡都可以，不近視的就去買墨鏡，因為可以「減輕紫外線對眼睛的傷害」。

④優酪乳餅乾隨便吃。Sophia 公司的茶水間永遠都有成箱的餅乾和飲料，每過一段時間就會換花樣。這星期是優酪乳、奧利奧餅乾，下週就是優酪乳和趣多多。此外還有各種牌子的速食麵。員工可以在早餐和工間休息時隨意取用。

⑤辦公區裏設臥室。據說有人選擇 Emily 公司的很大原因是公司的辦公室裏居然有個臥室。這家公司在甲級寫字樓裏闢出了兩間臥室，各有兩張木制高低鋪，床單和被套每天換洗一次。

⑥公司代交水電費。在員工眼裏，Ben 公司最得人心的福利大概要算代交水、電、煤氣、手機費了。每週三，員工只要把單子收成一疊，和錢一起裝在信封裏，寫清姓名和清單，交給前台，傍晚時分，等信封回到你桌上時已經是收據找零清清楚楚了。

案例　歲末時，請員工家屬吃頓飯

每逢歲末，企業總會舉行一系列的慶祝活動來表達對員工一年辛勤付出的感謝。正是因為員工的努力，企業才會在一年中不斷前行。也正是由於員工的不斷支援，主管才能在一年中把管理工作做得非常出色。

但是，企業每年的慶祝活動似乎都忘記了一個群體——員工的家屬。如果沒有員工家屬支持，恐怕員工的工作也不會能夠完成的那麼出色，如果沒有員工家屬的支持，員工也就不會取得那麼好的成績，他們才是真正為企業默默奉獻的人。

所以，主管每年年末的時候，千萬不要忘記舉辦一個宴會，專門來感謝那些對企業的發展起著間接推動作用的家屬，以求通過這樣的方式表達對員工及其家人感謝和獎勵。

請員工家屬吃飯體現了主管高超的管理水準，員工與家人可以把企業當成自己的大家庭，而大家庭時刻關注著這些成員。

【專業指導】

・召開管理層會議，確定宴請家屬的具體日期以及地點。然後把這個獎勵措施以正式文件的形式傳達給各個部門，並把消息公佈在企業宣傳欄以及企業網站上。

- 選定企業附近的一個飯店或者酒店作為餐宴的舉辦地點，然後派專人負責與對方洽談具體事宜，並讓對方做好及時接待準備。值得注意的是，由於參加這項獎勵措施的人數應該很多，所以地點一定要選定在一個規模大一點的地方。
- 在餐宴正式進行之前，你要發表一段祝酒詞，感謝員工一年的貢獻和家屬們的支持，並祝願員工家庭幸福美滿。
- 在餐宴進行時可以舉行若干的娛樂活動，來激發現場氣氛，並向家屬派發禮物。

 案例 **刻著員工名字的獎品**

公司如果想通過贈送禮物的方式讓員工感受到自己的鼓勵，那麼不如挑選一些能夠刻上員工名字的禮物獎勵給你的員工，例如一個小型的木雕，員工收到後一定會非常的感動，因為這代表了主管對自己的關注。

沒有自己名字的禮物一定會被儘快使用掉或者容易被員工遺忘，而刻著員工名字的禮物，常常受到員工的格外珍惜甚至留作永久紀念，這是一種非常常見的現象，也符合人們的心理規律。所以，如果你想讓員工對你的鼓勵時刻銘記，那麼就應該把員工的名字刻到禮物上。

這種禮物通常都會被員工擺在家中明顯的位置，因為這可以讓所有到家中做客的人都能夠感受到自己的榮譽。每一個人都希望別人記住自己的姓名，當你把這種禮物贈送給員工的時候，說明你已經記住了這名受獎員工。員工當然會感受到你的認可與關

注，這就激發了員工的工作積極性，使其能夠在工作中更好的展現自己。

【專業指導】

- 列出一份出色員工的名單，然後根據名單上的姓名實施你的獎勵計劃。

- 到當地的技術品市場去尋找你要獎勵給員工的物品，最好是木雕之類的木製品，因為這類物品更容易在上面刻字。

- 請一位善於雕刻的工匠在每一個木雕作品的底座上刻上員工的名字。值得注意的是，如果雕刻品上只有員工的名字顯然太過單調，你可以要求在員工的名字前加上一個修飾語，例如「善良的……」「勤奮的……」。

- 在把禮品獎勵給員工的時候，你可以與員工一起捧著獎品合影留念，讓員工永遠記住這激動人心的一刻。

心得欄

第10章

主管激勵員工的目標原則

第一節　向員工描繪形象而生動的美好願景

　　願景可以幫助人們建立信任、協作、互相依賴、激勵和對取得成功的共同責任感，願景可以幫助員工作出明智的選擇，這是因為在他們做決策的時候，腦子裏有明晰的最終結果，目標達到後，對下一步該做什麼，這個問題的答案就變得清晰了。願景讓我們在行動之前就有所準備，接近我們所需要的，遠離我們不需要的。願景給我們帶來力量，激勵我們去爭取自己真正渴望的東西。正如已故的管理大師德魯克所說：「預見未來的最好方式就是去創造未來。」

　　CNN 從事的是「集中報導時事新聞業」，他們的客戶都是需要瞭解時事新聞的繁忙人士。他們的業務是提供簡明新聞，而不是提供娛樂新聞。按照 CNN 所述．今日典型的家庭由於太過繁忙而不能每天晚上 7 點都坐在電視機前看電視，爸爸有第二份工

作，媽媽還在加班，孩子們參加各種活動。因此，CNN 的目標是
24 小時播報新聞，這幫助 CNN 的僱員回答以下的問題：「我優先
要做的是什麼？」「我應該把自己的能量集中在那裏？」

　　一個令人信服的願景可以創造出卓越的文化，在這種文化氣
氛下，組織中每個人的能量都是協調一致的，從而帶來信任、客
戶滿意度以及一個精力充沛、堅定不移的工作團隊和可觀的組織
收益。

　　不可否認，願景這種看不見摸不著的文化可以定義組織是否
卓越。一個強有力、形象生動的美好願景對員工的激勵作用是不
容低估的。那麼，企業如何向員工描繪願景呢？

　　1.**願景的描繪要令人信服**

　　如果一個組織的願景是令人信服的，隨之到來的成功超越的
不僅是財務上的獲得。願景彙集了巨大的能量、激情和熱情，因
為員工感到他們所做的與眾不同，他們知道自己在做什麼，也知
道為什麼要這樣做，他們體會到強烈的信任感和尊重感。管理者
不是在試著操控，而是充分授權，讓別人感到責任感，因為員工
知道他們是整體協調一致的一部份，他們為自己的行為承擔相應
的責任。他們自己掌控自己的未來，而不是消極地等待未來事件
的發生。在這裏，為創造力和冒險精神提供空間，員工可以用自
己的方式做出自己的貢獻，這些差異是受到尊重的，因為員工知
道他們是在同一條船上。所有的部份都組成了一個更大的整體，
這就是「願景的力量」。

　　2.**有意義的目標**

　　令人信服的願景必須能轉化成一個有意義的目標，這個目標
是你組織存在的理由。它是對「為什麼」的回答，而不僅僅是解

釋你在說什麼，它清晰明瞭地從你客戶的角度看你所從事的業務是什麼。

偉大的組織具有深度而高尚的使命感，即一個有意義的目標，可以激發熱情和忠誠。

當工作是有意義的，而且是員工真正渴望的，員工就可以釋放出我們想像不到的生產效率和創造力。

3. 未來的藍圖

令人信服的願景的第二個元素是未來的藍圖。最終的圖畫不應是抽象的，它應該是你確實可以看到的心理圖畫。大量的研究證明：心理表像不僅能提升績效，同時還會提升內在動機。

4. 通過團隊的力量創造願景

團隊的領導者必須明確地知道要把團隊帶到那裏去。重要的是，他要信任和運用團隊成員的知識和技巧，從而創造出最佳願景。

不論你在最初是如何起草願景的，重要的是你先要得到人們對願景的看法和相關信息，這裏的人們是指願景確定後可能會涉及或影響到的那些人。問你的員工以下的問題：「你願意為具有這樣願景的組織工作嗎？你能看到你與願景的契合點嗎？這個願景會幫助你確立工作的優先順序嗎？這個願景對決策的制定有指導意義嗎？這個願景令人感到激動和鼓舞嗎？我們還遺漏了什麼？我們應該去掉什麼？」讓員工參與會加深他們對願景的理解和行動承諾，幫助創造良好的願景。

5. 就願景進行溝通

無論是為你的組織或是部門，為你的工作還是生活，創造願景的過程就是一種歷程，而不是一錘子買賣。

在一些組織中，你可以發現願景的標語被裝裱在鏡框裏掛在牆上，但是它不能提供任何指導，也許可能更糟的是它與現實嚴重脫節，因而不具有任何實踐意義，這種願景會讓員工感到厭煩。願景的執行是一個動態的過程，你需要讓它時時保持活力。這就需要不斷地談論它，並盡可能地提到它。馬克斯‧杜普雷是美國第一大辦公傢俱製造商赫曼一米勒公司帶有傳奇色彩的前任主席，他曾經說過：在他扮演願景角色的過程中。他不得不像一個三年級的老師那樣不停地一直說，直到員工正確、正確再正確地理解了這個願景。你越是更多地關注你的願景，它就會越來越清晰、越來越深刻地被理解。實際上，隨著時間的推移，你考慮願景的角度可能會有變化，但是其本質保持不變。

第二節　設立讓下屬全力追求的目標

明確而堅定並且得到廣大員工認可的目標可以產生強大的動力。員工一旦有了明確的目標，下定了決心，有一種對成功的渴望，就會產生強烈的使命感和激情，在這樣的情況下，沒有什麼能阻止他們勇往直前的腳步。

日本新力公司的創始人盛田昭夫在開發家用錄放影機時，先給自己尋找到目標，然後引導員工進行開發。

當美國幾家主要的電視台開始使用錄影機錄製節目時，新力公司就看好這項新產品，感覺它完全有希望「打入」家庭，只要從內部結構和外觀設計上加以改良，就會受到千家萬戶的歡迎。

一個新的目標就這樣確立了，開發人員有了努力的方向。他們先研究美國現有的產品，認為既笨重又昂貴，這是研究開發加以改進的主攻方向。新的樣機就這樣一台接一台造出來。一台比一台更輕盈、小巧，終於成功研製出劃時代的錄放影機。

一個企業的目標應該是一種「行動的承諾」，藉以達成企業的使命，也應該是一種「標準」，藉以測量企業幾點績效。企業的目標應該可以轉化為特定的目的及特定的工作配置，而且目標還足以成為一切資源與努力集中的重心；應該能從諸多目的之中，找出重心，作為企業人力、財力和物力運用的依據。因此，如果企業的目標僅僅表達了一種「意願」，那麼，這些目標將形同廢紙，沒有絲毫意義。卓越的領導者設立的目標，一定是具體的、清晰的、明確的、可以測度的，並且可以轉化為各項工作。

組織的目標不但使員工的行動有了依據，使員工的思想有了明確的轉向，且還能激勵員工的鬥志，開發員工的潛能。所以，從這一意義上說，組織目標可以直接拉動員工士氣的提升。

制定員工的共同目標必然會給企業帶來較高的業績，要發揮目標對員工的激勵作用，必須注意這樣幾個問題。

1.堅定的目標是成功的起點

也許數字更能說明問題，1953 年，耶魯大學對當年的畢業生進行了一次有關人生目標的調查，當被問及是否有明確的目標以及實現目標的書面計劃時，結果只 3%的學生給予了肯定回答。20 年後，有關人員對這些畢業多年的學生進行了跟蹤調查，結果發現，那 3%定有明確目標的學生在經濟收入上要遠遠高於其他 97%的學生。

明確而堅定的目標是成功的開始。古往今來，凡是成功的人

無不在他們成就事業之前就為自己樹立了明確的目標。

　　明確而堅定的目標可以產生強大的前進動力。當你面對各種困難和挫折時，如果你咬定目標，就會有無盡的激情催你奮進。當你將目標鎖定心中並願意為之努力時，你就會發現所有的行動都在引領你朝著這個目標邁進。

　　2. **目標要具有挑戰性**

　　遠大的目標一旦實現，給人的感覺就會更加強烈。因此，那些卓越的管理者總是將目標定在看上去似乎遙不可及的水準上，只有達到那樣的目標才能給他們帶來愉悅的感覺。

　　什麼樣的目標能使組織士氣高漲，將每一個成員的能力發揮到極致，永遠成為競爭中的贏家呢？一個善於制定目標的管理者往往把目光投向這樣一種目標——挑戰性，即遠大的目標。管理者在制定挑戰性的目標時要因時、因地、因人而異，靈活掌握，遵循這樣一條原則：不斷強化必勝的觀念和信念。

　　3. **制定目標簡單明瞭**

　　目標的制定，一定要言簡意賅，簡單明瞭，要言不煩，千萬不要洋洋灑灑、枝枝蔓蔓，不得要領。

　　因此，高明的管理者認為，一個真正的組織目標具有強大的吸引力，人們會不由自主地被它吸引，並全力以赴為之奮鬥。它非常明確，能夠使人受到鼓舞，而且中心突出，他讓人一看就懂，它幾乎完全不需要解釋。

案例 親手給員工泡杯茶

中國是最早發現和利用茶樹的國家，被稱為茶的祖國，所以茶對於中國人來說，代表著一種深厚的文化。那麼當你考慮認可和獎勵員工的時候，何不請員工到辦公室中，你親自為員工泡一杯茶，請員工品嘗，以示對員工的鼓勵，重要的是讓員工瞭解茶文化的內涵，表達你對員工的關注。

主管可以一邊泡茶一邊與員工進行交談，關注他的生活情況和工作情況，瞭解員工的感受和困難，從而表達對員工的支持。你也可以為員工講解茶文化的由來和一些品茶的經驗，讓員工從你泡的茶裏感受到你廣博的知識，同時，感受到你的親和，這有利於你處理日後的管理工作。

但首先，你必須瞭解一些茶文化的知識，這樣才能和員工從飲茶說起，逐步擴展到各個話題。

這些茶文化可有效幫助主管，使你能夠請員工品嘗一杯正宗的中國茶以感受到你的鼓勵。

【專業指導】

· 買一些名茶放在辦公室，有員工或者客人來訪時，徵詢來訪者的意願選擇一種茶葉作為你親自沖泡的種類。

· 當員工最近表現十分出色時，你可以把員工請到辦公室中，然後給其泡一杯茶，在此期間你也可以給受獎員工講解一下有關茶文化的知識，由此展開與員工的溝通與交流。如果你為員工耐心地泡一杯功夫茶，那麼更顯示出你對員工的重視。

- 在交談中，你可以讚揚員工出色的工作表現，並帶著員工一邊飲茶一邊參觀你的辦公室。
- 歡迎員工常來辦公室中做客，在員工走時，你可以獎勵給員工一包上好的茶葉，讓員工加深印象。
- 請員工到辦公室中喝茶是以不打擾員工正常的工作為前提，所以主管要把握好時機，最好在下班後或者當員工完成一項任務後再請員工喝茶為好。

案例　請員工喝杯咖啡

　　傳說有一位牧羊人，在牧羊的時候，偶然發現他的羊蹦蹦跳跳地非常興奮，仔細一看，原來羊是吃了一種紅色的果子才導致舉止滑稽怪異。他試著採了一些這種紅果子回去熬煮，沒想到滿室芳香，熬成的汁液喝下以後更是精神振奮，神清氣爽，從此，這種果實就被作為一種提神醒腦的飲料，且頗受好評。這就是咖啡的由來。如果你想表達對員工工作的認可，那麼你可以請員工喝一杯咖啡，以示你對員工的獎勵。同時還能讓員工提起精神，從而更好地完成工作。

　　你可以請員工上公司附近的咖啡館中喝杯咖啡，也可以在辦公室中親手為員工調一杯咖啡，這兩種方式都體現了你對員工的鼓勵。咖啡本身就帶有一種溫馨的氣息，在飲用咖啡時你可以對員工以往的工作表揚一番，讓員工有一個愉悅的心情。

　　當然，喝咖啡時交談必不可少，當然交談的話題一定要儘量避免與工作有關，這容易引起員工的反感，主管應該主動向員工

詢問一下家庭的狀況，以表示你的關注，主管也可以向員工介紹一下自己的家庭狀況，和員工親切地交流生活中的經驗和對一些事情的看法。

溫馨的感覺能夠讓員工大大增加對你的好感，而一杯香濃的咖啡帶給員工的恰恰是那回味無窮的溫馨。

獎勵員工喝杯咖啡，主要的目的不在於咖啡上，而是在於表達你對員工的認可和進一步瞭解員工的情況，以便為日後的管理工作提供一些值得參考的資料。

【專業指導】

· 看看最近那些員工工作比較出色，然後列出一份名單，按照名單的順序利用午休時間或者週末時間請員工去喝杯咖啡。

· 你可以事先弄清楚公司週圍有那家咖啡店環境不錯，提前預定兩個位置，然後把員工叫到辦公室，先不要告訴員工你要幹什麼，直接把員工載到咖啡廳，實施你的獎勵計劃。

· 當然，你也可以採購一些諸如咖啡壺之類的器具放在辦公室中，把員工請到辦公室，然後親手為員工調一杯咖啡，表達你對員工出色工作的感謝。

🔊))) 第三節　用行動去點燃員工心中的激情

　　優秀的領導者會運用自己的情緒激發下屬的情緒，用自己的激情去激活下屬的激情，進而用情感激發生產力。一個熱情洋溢的領導者會極大地感染組織成員，影響他們用同樣的熱情去對待事業和工作，從而使整個組織充滿生機和活力。

　　在微軟公司，比爾・蓋茨本人近似乎工作狂的態度，帶動了員工工作的熱情，在微軟公司的工作環境中培養出了一種工作狂的氣氛。

　　微軟公司負責公關的經理曾經這樣說道：「蓋茨先生不但是個工作狂，而且要求十分嚴格，部下認為辦不到的事情，他自己會拿回去做，並能迅速準確地做到幾乎完美的地步，讓大家佩服得沒話說。」

　　愛默生說：「有史以來，沒有任何一件偉大的事業不是因為熱忱而成功的。」熱忱是一種意識狀態，能鼓舞人們勇於行動。它具有感染性，能使與他接觸的人不同程度地受到影響。

　　熱忱是推動個人事業發展的動力之源，它就像一個巨大的「發動機」，推動著人不斷追求卓越的目標。對於領導者來說，由於其往往肩負著帶領一個公司、一個團隊完成組織目標和實現組織發展的重任，這種發自內心的熱忱就顯得尤為重要。

　　具有強烈熱忱的人往往渴望將工作和事情做得更加完美，而不是停留於達到一些基本目標，他們努力提高工作效率，渴望獲

得更大的成功。他們真正追求的是在實現成功的過程中不斷克服困難、解決問題、努力奮鬥、跨越高峰、自我超越的樂趣。

需要熱忱嗎？答案當然是肯定的。那麼，如何始終保持飽滿的熱情呢？

1.從做好每一件事開始

一個充滿熱情的人會將其心中的熱忱融入到工作、生活的每一件小事上，而不僅僅是在大事上才體現熱忱。事實上，體現在小事與大事上的激情並沒有任何本質上的差異，在小事上取得的成功也意味著大事上的成就。

一個卓越的領導者往往能夠從身邊極為普通的事情中找到激情和成就感，這種激情來源於一個簡單的認識：做好每一件值得做好的事情，那怕它只有芝麻粒般的大小。

2.有愛才會有激情

帶著愛去溝通，去理解、去工作，自然會產生激情，而且可以感染別人，激發別人的激情。

柯達公司的組織氣氛造就了這種活力四射的激情。正如一位普通員工所說的那樣：「我把能在一起工作當作一種緣分，大家都帶著對公司及彼此的關愛來工作，有些人甚至把工作與生活融在一起。我們相處融洽，相互理解，彼此關照，氣氛很好，每一次的成功都能激發大家去共同努力做好下一個工作。」

柯達公司全球副總裁樣是一位極富激情、極富感染力的領導者。在談到激情時，她說：「要保持激情這種狀態，你必須要有愛心，首先要愛你自己，第二要熱愛自己的工作，第三還要熱愛人生。這是一種為人處世的狀態。你要用心做人，用心做事情，用心做生意。」

3.在激情與理智之間保持平衡

作為領導者，你尤其應當在別人群情激奮的時候保持冷靜，並在適當的時候以適當的方式為組織中過於高昂的激情潑點冷水，使之保持在一個合理的熱度內。

優秀的領導者善於將激情與理性很好地融合在一起。他們的內心並不缺乏火一樣的熱情，也不缺乏激發他人激情的影響力。但是，在激情之餘，他們不會將應有的冷靜與理智拋在腦後。

在激情與冷靜之間保持平衡並不是一件容易的事，如果你不甘於做一名平凡的領導者，你就應該充分運用你的知識和經驗對激情與理性做出合理的選擇。

((()) 第四節　目標與激勵

人生活和工作的一個重要動力，就是要實現一定的目標。當人們有意識地明確自己的行動目標，並把自己的行動與目標不斷加以對照，知道自己前進的速度和不斷縮小達到目標的距離時，他的行動積極性就會持續和高漲。可見，設立一定的目標就會對人產生激勵作用，有了目標才會有奮鬥，沒有目標就沒有了方向、也就不會有前進的動力。

目標是行動所要得到的預期結果，是滿足人的需要的對象。目標同需要一起調節著人的行為，把行為引向一定的方向，目標本身是行為的一種誘因，具有誘發、導向和激勵行為的功能。

有著悠久歷史的人類，正是在夢想中成長起來的。一個企業

的管理者，也應該讓自己的員工擁有夢想；不讓員工擁有夢想，這樣的企業就不會有生機。

激勵人們前進和進步的，是夢想和希望。人類正是存有各種各樣的夢想，才發展到了今天的地步。人們夢想日行千里才有了汽車、火車，人們夢想像鳥一樣飛上天空，才有了飛機；人們夢想到月亮上看看，才有了太空船……可以說，沒有夢想，人類必定處在一片黑暗之中。

目標有巨大的感召力，它能使勇敢者更加勇敢，使怯懦者擺脫怯懦，使人們深埋的智慧得以迸發。所以，日本有學者認為：「領導者的首要任務就中給予集體、成員以具有意義的目標。集體存在著沉悶氣氛，大致是由於沒有樹立足以催人進取的目標。」

領導者給員工的夢想，就是公司的短、中、長期目標規劃，就是公司未來的美景，就是員工的美好前途。

早在 1932 年，松下幸之助在向企業員工演講使命感的時候，曾經描繪了一個 250 年達成使命的期限。其內容是：把 250 年分成 10 個時間段，第一個時段的 25 年，再分成 3 期，第一期的 10 年是致力於建設的時代；第二期的 10 年繼續建設，並努力活動，稱「活動時代」；第三期的 5 年，一邊繼續活動，一邊以這些建設的設施和活動的成果貢獻於社會，稱「貢獻時代」。第一時間段以後的 25 年，是下一代繼續努力的時代，同樣要建設、活動、貢獻。如此一代一代傳下去，直到第十個時間段，也就是 250 年以後，世間將不再有貧窮，而變成一片「繁榮富庶的樂土」。

松下的這個規劃，可以說是絕無僅有。有這種規劃和夢想的，除了空想理論家之外，就只有松下幸之助了。但松下的規劃是夢想，而不是空想。時至今日，可以說他的夢想在一步一步實現著。

而更為現實的是，松下的這種規劃讓每個員工都擁有了燦爛輝煌的夢想，從而提高了他們的工作熱情和積極性，提高了工作效率，促進了企業的高速成長。這作用，更是不可估量的。

松下說：「經營者的重大責任之一，就是讓員工擁有夢想，並指出努力的目標；否則，就沒有資格當領導。」

或許，夢想是比較遙遠的事情，但目標卻是實實在在的、在不遠的將來可以實現的。因此，在企業管理和員工激勵中，目標激勵就更具有現實意義。

 案例　旅遊時給員工帶禮物

公司一年中總會有一兩次空閒的時間外出旅遊，來緩解工作壓力，並使自己的心情得到放鬆。但你有沒有想過在結束旅行，返回之前只需稍費一些精力選購一些當地的產品，就可以用它們達到獎勵優秀員工的目的。

禮品在日常生活中非常常見，但是具有不同意義的禮品就會顯得彌足珍貴。外出旅行本應是主管拋開一切管理工作，獲得身心放鬆的難得機會，但是就是在這種情況下，你依然想著自己的員工，而且還特意為員工挑選禮物，當員工接受這樣的禮品時，自然會知道這其中的「分量」。

當員工得知禮物的來歷時，一定會非常的激動，還會感受到一種巨大的成就感，因為通過這樣一件小事，員工瞭解到了自己在主管心目中的重要位置，有利於激發員工的工作積極性。同時，員工也會樹立一種責任感，畢竟自己背後有主管的關注，所以一

定要通過自己的努力向主管及管理層證明自己的實力。這正是你所希望看到的。

【專業指導】

- 列出幾名業績十分出眾或者對企業有很大貢獻的員工姓名，在平時多加關注。
- 外出旅遊即將結束時，向當地人請教當地的特產有什麼，然後買回贈送給你的員工。
- 你也可以在旅遊途中打電話聯繫受獎員工，為員工提供幾個選項，讓員工選擇接受那種禮物。
- 這種獎勵的獎勵目標也可以是正在為企業完成某項艱巨任務的員工，這樣可以有效激勵他們。

 案例　充當新員工的參觀嚮導

新員工進入企業時一定對什麼都充滿好奇，同時也會對週圍的工作環境感到陌生，如果你想讓新員工儘快適應在企業的工作生活，那麼不如充當一把參觀嚮導，親自帶領你的新員工到企業的各個部門參觀拜訪，來表達你對他們即將開展工作的支援和鼓勵。

這種親和的作風不但會讓你博得新員工的好感，增加你的威信力，同時還可以幫助新員工以最短的時間瞭解企業各個環節的運作特點，明確自己的工作目標，從而樹立責任感，以便日後能夠發揮自己的潛力，為企業創造效益。

當你帶領新員工到訪一個部門時，你可以向他們講解部門的

結構組成以及在企業中的作用，你還可以向他們介紹部門每一位成員的姓名，表達對他們的支持。另外，你還可以通過這樣的方式擴大獎勵範圍，因為你向新員工介紹同事時，也是對老員工的一種認可和鼓勵，更是對這個團隊的關注與肯定。所以，這未嘗不是一種可以一箭三雕的獎勵措施。

值得注意的是，當你帶領新員工參觀企業時，一定要保持一種熱情與耐心，這樣才能使新員工初次感受到企業溫暖，同時增加新員工的歸屬感，有利於企業凝聚力的提高。

【專業指導】

- 當你的企業有新員工加入，你就可以把他們組織到一起，或者把他們請到你的辦公室與他們溝通交流，首先讓他們自我介紹，然後你表示對他們加入這個大家庭的歡迎。

- 簡單的交談過後，你就可以實施你的獎勵計劃了，最好讓他們一次性參觀完整個企業。如果時間有限，你可以一天帶領他們參觀一個部門，然後每天依次進行。

- 參觀完後，你可以回答新員工提出的問題，來解決他們的疑問，同時你也要表達對他們的期望。

- 在向新人們介紹老員工時，一定不要忘記當眾表揚老員工一番，同時表示希望老員工對新成員主動提供幫助。這樣可以加深獎勵的效果。

第 *11* 章

主管激勵員工的讚美原則

🔊))) 第一節　用欣賞的眼光去看待員工

　　每個員工都想要得到獎賞，需要得到別人包括團隊同事的肯定；需要別人知道自己的價值，自己的優點。這是一切交往、一切談話的基本出發點，也是古人所謂「行止於禮」的涵義所在。讚美具有不可思議的魔力，是激勵員工的有力手段，管理者要善於用欣賞的眼光看待每一位員工，把自己的員工變得幹勁十足。

　　心理學家詹姆士曾說道:「人類本性最深的企圖之一是期望被人讚美和尊重。渴望讚美是每個人內心裏的一種最基本的願望。我們都希望自己的成績與優點得到別人的認同，那怕這種渴望在別人看來似乎帶有點虛榮的成分。」著名幽默大師馬克吐溫更是對讚美的作用大加讚賞:「我可以為一個愉悅的讚美而多活兩個月。」

　　一句普普通通但卻真摯誠懇的讚美之語，在別人看來也許是

莫大的鼓舞與激勵。它可以給平凡的生活帶來溫暖和歡樂，可以給人們的心田帶來雨露甘霖，給人們帶來鼓舞，賦予人們一種積極向上的力量。在生活中，大多數人希望自身的價值得到社會的承認，希望別人欣賞和稱讚自己。所以，能否獲得稱讚，以及獲得稱讚的程度，便成了衡量一個人社會價值的尺規。每個人都希望在稱讚聲中實現自身的價值，你的員工也不例外。

1. 激勵員工的最好辦法是讚美

事實確實是如此。每一位家長都有這樣的經驗，要你的孩子學好，與其用嚴厲的責備，不如用稱讚鼓勵。「你的字寫得真好！」你這樣對他說了，下一次他寫得一定更好。這一方法同樣適用於對待你的部屬，這比用命令督促要好得多。

有位美容師，第一、二次展銷會上都沒有賣出什麼東西，第三次展銷會上也只賣出不引人矚目的 35 美元的東西，但是她的上司海倫不僅沒有指責她，反而表揚她：「你賣出了 35 美元的東西，那實在是太棒了！」海倫的讚揚和鼓勵，使那位美容師感動不已。後來終於取得了可喜的成績。

多數人都有閃光的地方，每一段人生都有值得回味的經歷。多數人喜歡聽到他人對自己的肯定和讚美，這會讓他們有一種價值感，並由此充滿自信。可以說，恰到好處的讚美無論對誰都很受用。

有些永遠不會對他的下屬說一句稱讚的話，他們整天只是不斷地板起面孔來督促著下屬，以致使團隊裏顯得暮氣沉沉，毫無活躍的景象，這樣的團隊，絕對不會有長期的發展。

2. 及時肯定員工所取得的成績

優秀的管理者懂得，在員工取得成績時，他們最想得到的，

就是上司對他的一句表揚與鼓勵。你的員工感受到自己的表現受到肯定和重視時，他們會以感恩之心在工作中表現得更加出色。對於員工來說，他的成績那怕是微不足道的，如果及時地給予如蜜糖般甜美的讚美之詞，在他們看來就會是一種莫大的鼓舞。工作在員工眼中會是一片燦爛與美好，將良好的心理狀態帶到工作中、帶到客戶中，這個公司的效率自然會得到提高。

對於「最終」成績要給予獎賞——如完成了某一項目或特殊的任務。但對於那些取得良好進展的行為也要表示稱讚，不要等到員工把全部工作都做完才告訴他你很讚賞他的工作。

3.從讚美個人到讚美整個團隊

要尋找組織內的積極因素以及下屬取得的好成績，要找出是誰創造了這些積極的影響，並表達你的讚賞。也許有一個人是最值得稱讚的，但通常你會發現有更多的團隊成員應當得到認可。不止一個管理權威說過，「要發現那些業績很好的員工」。

即使員工沒有做出任何成績，他也應當作為團隊中有價值的成員而受到讚揚。不必每天但應該時不時地為他們來上班而表示感謝，這非常重要。

譬如公司的簿記員、會計和稽查員，使部門的財務運行正常，這只是份內之事。假設這些例行之事並不像往常那樣發生，公司也許會一片混亂。這些人為公司工作得很出色，儘管他們的成績並不總是能提起人的注意，但這種有價值的例行之事還是值得偶爾稱讚一下。

第二節　仔細尋找可以讚美員工的機會

　　學會欣賞部屬，就搭起了理解和信任的橋樑。有助於引導你實現對部屬的理解和寬容。多數在觀察部屬的過程中，容易陷入過多地注意別人的缺點、忽視別人的優點的偏失。如果採用客觀的眼光冷靜地觀察，不難發現部屬身上的許多值得欣賞的閃光之處的。如果一點也不能感悟到部屬的長處和優勢，則問題大多出在你自己的思想方法和評判標準之上。當你學會了欣賞部屬之後，你不僅會感到心情愉悅，而且對你來說，理解部屬也不再是什麼困難的事情。

　　米克公司的總裁以他的切身經歷說：「20 年的專業生涯裏，我曾到數百家公司，與數千名員工面談。如果從這麼多次與員工交談的機會裏，要找出一個共同的重點的話，令我印象最深刻的重點，便是大家都在抱怨，對於員工的表現，公司沒有好好地讚揚、獎勵他們。有的員工說，『公司付我多少錢，我不見得很在乎，可是當我把工作做得很好時，我希望老闆能向我說聲謝謝，或者至少向我表示點什麼，讓我知道他重視我的存在。』有的員工說，『每當我把事情弄砸了，我會聽到上頭的聲音，可是相反的如果我把事情做得很好，我就什麼聲音也聽不到。』我認為，讚美員工非常重要，它是激勵的最經濟、也是最有效的方法。」

　　如果員工應當得到認同，管理者就要給予他們，他們也許一開始並未有太多的期望。所以如果管理者獎賞他們，他們會喜出

望外。對於有些看上去脾氣糟糕或對獎賞反應冷淡的人管理者也不要介意，有些人只是不知道怎樣接受稱讚。在內心深處，他們也許感覺很溫暖、很高興，因為管理者注意並在意他們。

1. 及時而具體的讚揚

有效的讚揚必須是即時而具體的，即在第一時間確切地告訴員工他們做對了什麼。例如，「你在週五時準時交上了報告，寫得很好，實際上，我在今天會議上就用了這個報告，這個報告讓你、我和我們的團隊的工作看起來很棒。」讚揚中要羅列具體的例子，如：「我看到你的部門的生產率提升了 10%」或「你的報告幫助我贏得了和瓊斯公司的合約」。太過泛泛的評述看起來缺乏誠意，而且不會奏效，例如：「我感謝你的努力」、「非常感謝你」、「我都不知道沒有你我該怎麼辦」或「繼續保持」。與其隨意地讚揚員工，不如首先找出他們做對的地方加以表揚。一個管理者應該花時間去觀察員工的行為，就注意到的進步提出具體的表揚。這種非正式的互動是對你們的進度檢查會議的補充。

多數情況下，值得讚賞的行為、業績或成果是顯而易見的。某些特殊情況下，需要花些時間和氣力。

管理者對員工的讚美一定要及時，那怕是片言隻語，也會在他們精神上產生神奇的效應，令他們心情愉快，精神興奮。在讚美的過程中，雙方的感情和友誼會在不知不覺中得到增進，而且會激發其交往合作的積極性。

2. 說明你的感受

在你讚揚員工以後，你要告訴他們你對他們所做事情的感受。不要太理智矜持，說出你的心裏話：「讓我告訴你我的感受，在董事會議上聽了你的財務報告後，我為你感到非常的自豪。我

希望你知道我多麼高興你是我們團隊中的一員，非常感謝。」儘管讚揚本身所用的時間不長，但其影響卻是深遠的。

3. 只要接近標準就要讚揚

不要等到行為出現才讚揚某人，在人們做得大致正確的時候就要提出讚揚。我們確實需要正確的行為，但是如果我們要等到識別出這些行為之後才認定這些正確的行為，那麼我們有可能永遠都得不到它們。我們必須記住，正確的行為是由一系列大致正確的行為組成的。我們都知道動物和小孩的行為是這樣的，但我們忘記了大人的行為也是這樣的。

◀))) 第三節　讚美一定要出自真誠

人們希望得到讚賞。讚賞應該能真正顯示他們的價值，即人們希望你的讚賞是經過思考的結果。可以說，讚揚是經過思考的結果，是真正把他們看成是值得讚揚的人，是你花費了精力去思考才得出的結論。

用「誠懇」、「誠心誠意」的字眼看似多餘，其實不然，你對員工的讚賞必須是誠懇地、真實地、真誠地表現出來，如果不真誠人們一下子就能看出來。

1. 讚美要得體

讚美是貼近人的本性的激勵方法，得體的讚美，會使你的員工感到很開心、很快樂。它是一種博取好感和維繫好感最有效的方法，還是促進他人繼續努力的最強烈的興奮劑。以溫言輕語來

褒獎他人,會讓對方產生接納的態度。如果有一天你對下屬說:「公司對你的工作很滿意,你安心努力做下去吧!」他會覺得這一句話比後來你增加他工資時還要感到高興。

得體的讚美要求你對員工的讚賞必須是誠懇的、真實的和真誠的。假如不是出於誠意,就不要說出來。管理者親自表達讚賞非常有意義,親自送達感謝信比郵件的方式更有意義,在一個員工的同事面前直接讚揚他就顯得更加重要。

值得注意的是:讚賞不要過火,要事出有因,且在適當時候給予獎勵來認同。如果你做得過於頻繁,這一行為就會失去其重要性和價值。要讓讚賞成為一種殊榮。

2.讚揚員工要持平等的態度

放下「架子」是管理者讚揚員工的前提條件。對於員工而言,管理者本來就高高在上,具有一種相對的優勢。如果管理者不注意自己的「架子」問題,擺出一種高高在上可望不可及的姿態,勢必在自己與員工之間劃出一條鴻溝,不可能進行情感交流和溝通,其稱讚既不可能做到自然,更不可能引起員工的心理共鳴。

3.讚揚具體的事情

讚揚別人要切合實際,既達到溝通的目的,又不違反客觀的事實。如果確實不瞭解對方,暫時無法實現思想的溝通,還不如從具體事物入手,達到感情的溝通。

其實,讚揚下屬具體的工作,要比籠統地讚揚他的能力更加有效。首先,被讚揚的下屬能清楚是因為什麼事情使自己得到了讚揚,下屬會由於管理者的讚揚而把這件事做得更好。其次,不會使其他的下屬產生嫉妒的心理。如果其他的下屬不知道這位下屬被讚揚的具體原因,會覺得自己得到了不公平的待遇,甚至會

產生抱怨。讚揚具體的事情，會使其他下屬以這件事為榜樣，努力做好自己的工作。

案例　請員工當「考官」

企業在快速發展時，少不了對人力資源的需求，所以企業每年總會開設幾個面試會，對面試人員進行實地的綜合考核，從而為企業選拔出一批高素質的新員工。而這也是你獎勵那些優秀員工的機會，你可以讓他們當面試的「考官」發揮自己的能力，這等於是對員工以往的工作能力、專業技能和判斷分析能力的一種明確的肯定，也是對他們的一種信任。

讓員工充當考官，而主管自己可以在一旁靜靜地聽取員工與面試候選人的交流對話，把新員工的選擇權交給員工，充分利用你對員工的信任，並且認可他們做出的選擇。員工能夠從中體會出你的良苦用心，更能夠感受到你的鼓勵。

其實，員工充當面試考官所選拔的員工比主管選拔的人員更適合企業的崗位，因為員工長期從事同樣的工作，有著對本職崗位工作獨到的見解和感悟，這比整日忙於管理工作的主管對於員工能力評判標準的見解更加貼近於現實，所以，員工在面試時比主管更有發言提問的權利。

而讓多名員工參與面試工作，採用每個人輪番提問的方式對被面試人員進行綜合的考察，有利於瞭解被面試人員各方面的知識水準和對技能的掌握程度，有利於企業獲得優秀的人力資源。

所以，如果主管想要利用員工的能力來選拔一些對企業有用

的人才，以達到獎勵員工的目的，就應該把自己認為好的人選最終交由員工去選擇，而不是讓員工選拔後再經由自己決斷，這是這項獎勵措施最重要的一個細節，因為它直接反映了你對員工的認可和信任的程度。

【專業指導】

- 當員工為企業選拔出新人時，員工會產生非常強烈的自豪感，這有助於員工在日後的工作中發揮更大的能力。

- 如果企業要通過面試來招聘一些新員工，主管可以提前在工作中觀察員工的表現，然後選定一批工作出色的員工充當面試考官。

- 把這些員工叫到辦公室中，先對他們這一段時間內的工作表示稱讚，然後向他們宣佈你準備讓他們擔任招聘面試會的考官，並通知他們具體的時間和集合地點。

- 製作一張面試考官的面試證，員工的照片和所代表的部門都應該在這樣一張面試證中所體現，用以表示這次任務的正式性，然後每一位參與面試的員工都將得到這樣一張證件。

- 在面試會的前一天，主管最好把這些員工召集到一起吃頓便飯，並對他們說出自己對新招聘員工的要求，然後鼓勵他們發揮自己的判斷力把招聘工作做好。

- 你應該在員工參與面試工作期間向受獎員工發放一些獎金，在面試工作結束後，舉辦一個小型的慶祝會以表示對員工努力認真為企業選拔人才的感謝。

案例　**歡迎新人的聚會**

　　時常會有新人加入到企業這個大家庭中，但是初來乍到，他們難免會感覺到無助或者孤獨，這不但會使他們很難進入正式的工作狀態，還會使他們失去信心，不利於挖掘他們的潛力。所以，當有新的員工剛剛加入企業的時候，你最後採取點獎勵措施，讓新員工很快的融入到企業的文化中，使他們感受到企業的溫暖。

　　員工雖然需要時間去融入到企業集體中，但是你可以壓縮這個過程的時間，這就需要你運用自己的管理工具。你可以為新員工舉辦一個歡迎聚會，邀請那些新員工和管理層參加，這樣可以使新員工能夠在第一時間內認識管理層中的每一個人，讓他們產生親切感，從而便於日後管理工作的有效進行，更便於員工理解管理層的意圖。

　　當新員工參加你組織的聚會時，會感到企業對自己的重視，讓新員工樹立信心與責任感，更有利於在日後的工作中挖掘他們的潛能，從而為企業創造更多的利潤。

　　在這種場合上，你最好能夠即興做一次講話，再次表示對新員工的歡迎，以及表達你對新員工的鼓勵和祝福，最重要的是，你不要忘記表達你對他們的期望。

　　當然，這也是讓新員工向你提問的好時機，因為新員工剛剛加入，所以他們一定帶有很多疑問，如果你能回答他們對企業的一些疑問，就可以幫助他們更快的瞭解企業的特點，從而更快的融入到這個集體中。

【專業指導】

- 讓新員工一夜之間成為老員工的辦法就是讓他們的心迅速與企業貼近，這要靠主管的努力才能實現。

- 歡迎新人的聚會要每年都舉行幾次，一般來說，按季舉行可以有效地鼓勵那些上一季剛剛加入的員工。按季歡迎新員工是有一定道理的，因為新員工並不是一起進入企業，也許今天來倆，明天來一個，如果按季的話就可以節約資源，一次性歡迎那些新員工。

- 如果你想讓這種獎勵變得正式些，你可以向新員工每人發一個請柬，請柬的內容要由你親自書寫。

- 在餐會上做一些互動的小遊戲，讓新員工之間進行有效地溝通交流。

- 餐會結束後，向每位新員工贈送一件小禮物，表達你的鼓勵。

心得欄

_____

_____

_____

_____

_____

第 *12* 章

主管激勵員工的公平原則

◀))) 第一節　公平公正的對待每一位員工

　　當一個員工受到不公正的待遇的時候，其內心的感受是可想而知的。一個成功的管理者，在對待員工時絕不會厚此薄彼，更不會夾帶私人感情，領導者也只能這樣才能樹立起自己的威信，也才能更好地使下屬信服。

　　企業管理者公平地對待每一位員工，就能充分激發起員工工作的積極性，不僅維護了公司的秩序，而且也有助於自身形象的提升，還鼓舞了其他員工追求高績效，真可謂一舉三得。

　　具體來說，公平、公正對待每一位員工，要求管理者要注意以下原則：

1. 不搞平均主義

　　獎賞作為一種激勵員工的手段，其作用是不言自明的，但是獎賞不能搞平均主義，卻是許多主管所不能理解的。

　　在許多企業中，主管對下屬評價過鬆，幾乎每個人都獲得過不同程度的獎賞，優秀的工作人員則無法脫穎而出。過多過濫的獎賞降低了應有的「含金量」，也失去了應有的意義。還有，表現出色的人如果沒有獲得一定的實際利益，獎賞也同樣毫無意義，下屬的工作熱情就會消退。大家都賞實際上等於誰都沒賞。

　　企業必須區別每個員工的工作好壞，給予不同的人以不同的評價和物質待遇。你可以要求下屬們互相注意各自的表現，判斷各自獲得的評價是否公正。不公正的評價，不論是過高還是過低，都會打擊下屬的積極性，降低主管的信譽，也就失去了影響他們的力量。

　　一定要在獎賞方面堅持實事求是的原則。如果你能對下屬的工作表現隨時記錄的話，這其實不成問題。說到底還是長期以來由於制度沉澱下來的心理在作祟。

2.一視同仁

　　主管在對下級關係的處理上，要一視同仁，不分遠近，不分親疏。不能因客觀或個人主觀情緒的影響，表現得有冷有熱。

　　當然，有的主管本意並無厚此薄彼之意，但在實際工作中，難免願意接觸與自己愛好相似、脾氣相近的下級，無形中就冷落了另一部份下級。

　　因此，主管要適當增加與自己性格愛好不同的下級交往，尤其對那些曾反對過自己且反對錯了的下屬，更需要經常交流感情，防止有可能造成的不必要的誤會和隔閡。

　　有的上司對工作能力強、得心應手的下級，能夠一如既往地保持親密關係，而對那些工作能力較弱，或話不投機的下屬，就不能夠密切相處甚至會冷眼相看，這樣下去關係就會逐漸疏遠。

3. 不以情感代替原則

有一種傾向值得注意：有的主管把同下級建立親密無間的感情和遷就照顧錯誤等同起來。對下級的一些不合理，甚至無理要求也一味遷就，以感情代替原則。這樣做，從長遠和實質上看是把下級引入了一個錯誤。而且，用饋贈原則來維持同下屬的感情，雖然一時會起點作用，但時間一長，「感情大廈」難免會土崩瓦解。

4. 公平合理

既不要有偏見，也不要對人另眼相待。這兩個問題，其實是連在一起的，凡是對一些人有偏見的上司，對另一些人則會另眼相待。

其實，另眼相待同樣有害無益。

對於做得出色的下屬當然是應該表揚的，但是，該表揚的時候表揚，該評功的時候評功，平時還是應該與其他員工一視同仁的。

也就是說，他靠工作出色得到了他應該得到的東西，其他方面還是同別人一樣。別人若像他一樣工作，那也能贏得所應該得到的東西。這裏強調的是工作，突出的是公平。如果你把一切特權都授予了他，甚至對他做錯的事也睜一隻眼、閉一隻眼，那麼，你讓別人怎麼向他學習？

另眼相待所造成的特殊化，使他和其他人員有了差距和隔膜，別人反而無法也不想向他學習了。人們會因為妒嫉、仇恨而消極怠工：他既然這麼得寵，為什麼不把所有的工作都讓給他去做呢？我們忙什麼勁兒！

一定要給下屬一種公平合理的印象，讓他們覺得人人都是平等的，機會也是均等的，他們才會奮發，才會努力。這樣做，對

做出成績的人會有好處，有助於他戒驕戒躁，不斷上進。對女性下屬和體弱的下屬也不能另眼相待，確實是不適合女性工作的崗位，乾脆就不要安排女性。既然安排了女性，就要同工同酬。體弱的下屬也是一樣，要麼明確規定是半休，在規定的時間內也要和其他職員一樣工作，作為企業是一個集體場合，要有一種工作氣氛，有幾個閒散的人在一邊是會影響士氣的。

第二節　公佈企業規章制度並嚴格執行

作為主管，應當以有效的手段保證規章制度得以貫徹落實。規章制度沒有什麼礙於情面而不方便宣佈的，別等到出了什麼後果再去亡羊補牢，恐怕那時已來不及了。

主管在加強企業管理和完善內控建設中，必須高度重視有章不循、違章操作的危害並全力加以制止，構建人人自覺遵章守紀的良好內控環境。

制度由兩個部份組成：一是制定；一是遵守和執行。公司制定出來的規章制度不能成為擺設。作為主管，你應當以有效的手段保證其得以貫徹落實，一旦發現有人違紀，便加以懲治，絕不手軟。

為了促成遵守和執行紀律的好氣候，你應該採取以下幾個明確的辦法。

1.紀律面前人人平等

制定出紀律和規章是讓每一個人遵守的。當然，並非每個違

規行為都受到同樣的處罰。一視同仁不是說對待所有的人要完全一個樣，一視同仁的原則是指在同樣條件和同樣的情形下，應該採用同一種處罰，要有一樣的「待遇」。

作為企業的主管，不能自律，就無法以德服人、以力禦人。好的主管必須懂得，要求下級和員工做到的事，自己首先必須做到。

2.真心溝通

處分的目的在於教育，而不是懲罰，在執行紀律處分後要讓員工以積極的態度認識處罰的初衷。你要與違反紀律遭受處罰的員工真心溝通，消除他的苦惱和怨恨的情感，要給予他足夠的信任，相信他能夠改正錯誤。

3.認真調查瞭解

你要重視違反公司規定的行為，要用行動向員工表明你打算認真執行公司的規章條例。你也不應該草率地懲罰或處分員工。在你行動之前，在你做任何事情之前，你必須清清楚發生了什麼問題，以及員工為什麼這樣做。

4.公平公正

不要濫施壓力，對員工和公司都要公道。對員工要公道是指有充分的根據。它包括解釋清楚公司為什麼要制定這條規章，為什麼要採取這樣的一個紀律處分，以及你希望這個處分生什麼效果。

5.私下處分

如果公開進行懲治，那麼受處分的僱員會因當眾受批評而產生怨恨，形勢就可能惡化而起破壞作用。關於私下處理的規則僅有一個例外，那就是僱員在其他人面前公開與你作對。在這種情

況下，你必須當眾迅速果斷地採取措施，否則，你就會失去僱員對你的尊重，失去控制，大大損傷士氣。

6.保持鎮定

無論違規行為多麼嚴重，你都應該保持鎮定，不能失控。

你怎樣才能保持鎮定呢？閉上嘴巴，待會兒再開口，做些拖延時間的事情。告訴員工半個小時之後再到你的辦公室來見你，或者請這位員工與你一起去你的辦公室或休息場所。切忌對僱員大發雷霆。不亂發脾氣，可以取得員工的尊重，而他也感覺到紀律的重要性，決心改正而不是採取厭倦、抵觸的態度。

「沒有規矩，無以成方圓。」這是古人總結的一條歷史經驗，在幾千年後的今天，重溫這句話，對我們仍有啟示。我們要鑄就鐵的紀律去贏得勝利或成功。

第三節 建構公平的激勵機制

激勵並不是孤立的事件。不要以為管理者一對一地對員工進行了正確的激勵工作，員工就會受到有效的激勵，單單是評價本身也是相互影響的。兩個員工做好了相類似的工作，管理者給甲評價說：「好極了。」給乙評價說：「不錯」。相互比較的結果，給乙的評價「不錯」就成為相對較「差」的評價而產生不了激勵作用。顯然，評價受企業整體狀態的影響，激勵在組織系統中就不可能是孤立事件，企業的整體架構必然對員工的孤立是否有效，產生了決定性的作用，因此，企業必須重視建構公平激勵機制的

問題。

1. 強調員工的工作能力和效果

在傳統企業中，往往視員工對上司的「忠誠度」遠重於員工的工作能力和效果。觀念必然體現為現實的行為準則，對上司「忠誠」者頻頻受到重視、嘉獎、晉升；有能力而無忠誠可言者受冷落。企業中對人員、工作的評價受此準則的制約，形成一種激勵體制：激勵對上司的「忠誠」行為，抑制有能力和有效果的行為。於是，企業的激勵體制所激勵的不是員工的工作熱情，而是爭權奪利的「積極性」，最終陷入了人人混日子的可悲狀態。

公平的激勵原則，強調的是員工的工作能力和效果，一旦這個觀念真正成為現實的行為準則，有工作能力和效果者不斷受到重視、嘉獎、晉升。企業中對人員、工作的評價受此準則的約束，形成另一種激勵體制：激勵有能力和有效果的行為，抑制對上司「忠誠」、混日子的行為。正氣上揚，員工務實而有成效的局面就會形成。

2. 避免武斷的或懲罰性的標準

員工們喜歡那些根據以往的記錄確定的標準。「我們的記錄顯示一天完成 150 個是多數人都能實現的標準。」建立在分析尤其是時間研究基礎上的標準更受歡迎。「讓我們把這項工作定為一小時或兩小時，以確保標準的合情合理」與「我們不得不把生產效率定在下一天 175 個標準上」這句話進行比較那一個更接近員工工作的實際呢？

目標是改進而不是懲罰。利用未達標準的事例來幫助員工如何改進工作。「上個月你的產量又低於標準，我們應該從頭開始尋找一個影響你達標的原因，也許是我沒有把具體的操作方法向你

講清楚。」

對不符合目標要求的要懲罰明確。主要是把獎罰擺平。多數員工接受積極的鼓勵，但也有許多員工並非如此。然而，所有的員工，不論是好的還是不好的，都想知道如果他們不按要求工作會怎樣。原則是你要儘量減少懲罰，但必須讓所有人都清楚，標準必須達到，事先把不達標準將要受到何種處罰講清楚。

在控制措施的運用中要堅持一致性。如果已制定了適用於幾個員工的工作標準，你就應嚴格按標準行事，而不能說你將使人人滿意。如果覺得確有個別例外情況，那你一定要把例外情況解釋清楚。對做同樣工作的人，標準也應該是一樣的；同樣，對達到或沒有達到標準的人的獎勵或懲罰也應該一樣。

3.執行制度要公平

規章制度都具有「無例外原則」。有員工違反而不受懲罰，是對其他成員的不平等和不公正，也顯示出制度本身的蒼白無力和虛偽性。在規章制度面前人人平等。

諸葛亮曾經說過：「我的心就像一桿秤，不為他人作輕重。不能做到公平二字，就無以取得人心。」所以，制度一經通過，管理者就必須帶頭遵守。為了維護制度的嚴肅性和公平性，就應該具有孔明上奏自貶三級、曹操削髮代首的氣度。能否做到制度面前人人平等，對管理者來說，是一大考驗。尤其涉及親朋好友時，更需要管理者堅定地維護制度的公平性，這是建立良好企業文化的需要。

案例　巧發「另一包」

　　一些企業中的核心員工必須受到主管的重視，因為他們是企業管理工作中的不可缺少的支撐。所以，如果你想表達對那些得力部下工作的認可和感謝，可以採取發放暗包的方式，給他們一份驚喜，以達到獎勵他們的目的，台灣著名的企業家王永慶，每年就是都會針對有貢獻的員工，另外發「紅包」。

　　王永慶對員工的要求雖近苛刻，但對部屬的獎勵卻極為慷慨。王永慶私下發給幹部的獎金稱為「另一包」(因為是公開獎金之外的獎金)。這個「另一包」又分為兩種：一種是台塑內部通稱的黑包；另一種是給特殊有功人員的杠上開包。1986 年黑包發放的情形是：課長、專員級新台幣 10 萬～20 萬；處長高專級 20 萬～30 萬；經理級 100 萬。另外還給予特殊有功人員 200 萬～400 萬的杠上開包。走紅的經理們每年薪水加紅利可達四五百萬元，少的也有七八十萬元，此外還設有成果獎金。

　　通過向這些管理人員發放「另一包」的形式，可以有效表達你對他們出色工作的認可，讓他們感到自己在企業管理工作中的地位和重要作用，可有效的提高管理團隊的凝聚力和向心力，並讓這些管理者們樹立責任感，與你共同擔負起接下來的管理大任。

【專業指導】

・根據企業實際運營情況和利潤收入，制定一份適用於這種獎勵的人員名單，並按照每個人的工作表現劃定等級和發放數目。

・把每位受獎員工單獨請到辦公室中，然後對其一年的表現

給予高度的讚揚，由於是經常合作的部下，你可以詢問一下家裏的情況並表示你的關心，然後向他方法你的獎勵，並鼓勵員工繼續努力，一起開創企業的美好明天。

· 這種獎勵辦法有一定嚴格要求，那就是保密原則，否則會降低獎勵的效果。

· 對管理人員的獎勵關係到企業的整體工作，所以主管要格外重視，不可以讓成員感到失望，否則嚴重影響內部的團結以及企業的發展。

案例 「你真棒」

有時候，認可員工的方式其實非常簡單，但越發是簡單的方式，員工就更容易直接感受到來自你的鼓勵與鞭策。

就像說一句「你真棒」一樣，雖然是簡單的三個字，但它透露出的意思卻是「你做的我非常滿意，我相信你一定會一直這樣出色下去。」員工在聽到這三個字時一定會喜出望外，在日後的工作中還會用這三個字提醒自己：一定要做得最棒。因為只有這樣，才能繼續得到你的認可。畢竟，有誰會不願意在別人面前受到誇獎和讚美呢？某集團公司的主管在下班後經過一間辦公室時，看到裏面還有一名員工在工作，就悄悄走過去想看看他在於什麼，當他看到那位勤奮的員工在電腦上製作的企劃案時，他不禁說出一句「你真棒」，不過這一句話著實讓那名專心工作的員工嚇了一跳。兩天后，那位經理下班後再次經過那間辦公室，往裏一看，居然發現辦公室裏沒有一個員工在閒著，都在忙著手裏的

工作，這位主管感慨良多。

　　簡簡單單的讚揚確實能夠起到激發員工潛力的作用，正如法國思想家拉羅什夫科就曾這樣說：「人們給予勤勞、理智、美麗和勇敢的讚揚增加了它們，完善了它們，使它們做出了較它們原先憑自身所能做的貢獻更大的貢獻。」

　　所以，對著出色的員工盡情地說「你真棒」吧，從你那吝嗇的語言裏甩出這三個字顯然並不是件難事，更何況企業的管理工作更需要像這三個字的「潤滑劑」。

　　我相信你在員工那裏定會有所收穫，不但會有諸如「經理真好」這樣的心中讚美，說不定還會有你最想得到的那句話：「那當然，我會做得更棒！」

【專業指導】

- 主管貴為企業領袖，自然惜字如金，但是，你要知道領袖的親和力往往是其威信的拉動力量。過於嚴肅、苛刻不利於管理工作的有效進行。當然，如果員工做的很差時，你完全沒有必要對其說「你真棒」，否則你所做的任何鼓勵毫無意義。

- 當看到員工做的工作非常出色的時候，當著其他員工的面對他說：你真棒。當然，在你說這三個字的同時，如果你那嚴肅的臉上能露出些許笑容的話，效果會更佳。

- 當你看見員工送上來的企劃案或文件做得非常完美時，你可以在文件的旁邊空白處用紅色的筆寫上「你真棒」三個大字，並用圓圈圈住，以顯示你的感受。

第 *13* 章

主管激勵員工的信任原則

🔊))) 第一節　給予信任比什麼都重要

　　對主管來說，最重要的工作之一是在公司與員工之間建立信任，讓員工瞭解工作的價值和意義，激發其工作和創造熱情，並通過職責分配、授權等給予員工體現價值、追求卓越的機會。

　　信任，是惠普公司成功的一個不可或缺的因素。惠普的領導者們深知，對員工的信任能夠讓他們願意擔負更多的責任，從而能使公司的團隊合作精神得以充分地發揮。在惠普，存放電氣和機器零件的實驗室備品庫是全面開放的，這種全面開放不僅允許工程師在工作中任意取用，事實上還鼓勵他們拿回家供個人使用。因為惠普認為，不論工程師們拿這些零件做的事是否與他的工作有關，總之只要他們擺弄這些玩意就能學到點東西。

　　懷疑和不信任是公司真正的成本之源。領導者與員工之間級別上的差異、心理上的距離以及互不信任直接導致了員工壓抑的

心理，長期如此會產生心理障礙或心理疾病。除此之外，懷疑和不信任還打擊了員工的積極性，阻礙了創新。

那麼領導者應該如何表達對員工的信任呢？

1.讓下屬擔當一定的職責就是最好的信任

信任能增強員工對公司的責任感和使命感，能促使員工自覺採取行動，與公司同命運，共發展。而且，信任更是授權的基礎，領導者的任何授權都基於並體現他們對被授權者知識、技能及主動性、責任感的充分信任。

雖然信任對於組織及人員管理的積極作用已被許多公司實踐所證明，但信任本身卻是管理中最難把握的概念之一。信任應是雙方的，但就公司、領導者與員工的信任關係來看，員工對於公司及領導者的信任首先來自公司和領導者對員工的信任。在這個層面上，信任可以理解為給予員工充分的自主權和自由度，放手讓他們去處理一些問題，即使在不確定性的情況下或遇到困難時也是如此，同時為他們提供完成任務所必需的各種資源和支持。

2.將信任和寬容落實於行動

以寬容和信任為基礎的領導和管理模式最終獲得了巨大的成功：在整個老沃森時代，IBM 公司的士氣和生產率始終維持在很高的水準；而且，由於公司與員工之間的彼此尊重與信任，即使到了產業聯盟時代，IBM 的員工也從不覺得有組建工會的必要，這在極為注重法律及員工個人權益的美國是難以想像的。

信任員工是許多知名公司極力推崇的文化價值觀。在「新惠普之道」中明確寫道「信任和尊重員工」，「珍視員工」同樣是飛利浦公司所尊崇的，而摩托羅拉的公司文化正是「誠信不渝」和「尊重他人」。

實踐「信任和尊重員工」的觀念比接受這一觀念要困難得多，許多公司和領導者雖然也能認識到這一點，但能真正做到這一點的卻要少得多。卓越與平庸的領導者最本質的差別之一就是：平庸者將口號掛在牆上，而卓越者則將信念植入心中，落實於行動。

然而，信任危機卻普遍存在於社會生活的許多方面。企業主與職業經理、員工之間的矛盾早已不是什麼新聞，要明確地界定誰是誰非並不是一件容易的事情。不缺乏好的員工，缺乏的是能使用好員工的領導者和管理者。為什麼同樣一個人在惠普、在 IBM 就能 100%地發揮其聰明才智，而到了某些國企、民企就成了平庸之輩，甚至被認為是道德敗壞者？「他們對員工的管理基於一種所謂的壞人假設，我們這些經理作為外來者，從來都沒有被信任過，從來就是有責無權。無論做什麼事情，他們總是從壞的角度來懷疑你的動機。在這種情況下，我們還能做什麼呢？他們又能讓我們做什麼呢？」一位從一家民營公司辭職的經理人說起他的失敗經歷時顯得無可奈何。

🔊))) 第二節　要敢於讓員工犯一些小錯

毫無疑問，信任總是和一定的風險聯繫在一起的，如果沒有風險，也就談不上信任。然而，公司經營管理本來就是在諸多不確定性因素下不斷承擔和降低風險的活動，因此，風險絕不應成為懷疑和不信任的藉口。相反，對員工的充分信任和授權能大大降低公司的經營風險。那怕他們會因此而犯一些小錯誤。

　　西爾斯認為，任何一個人，只有在浪費了無數的彈藥後才能將自己訓練成一個「神槍手」。對於一個顯示出過人才華的年輕員工，任何一個僱主都應該捨得花費金錢與精力做實驗。因為從長遠來看，這些付出都會有豐厚的回報。員工如果接二連三地犯錯誤，也沒有任何積極的結果出現，那麼這個員工就應該離開公司了。但是，另一方面，一旦結束了這一類的實驗，確定了這個員工的能力，接下來自然要做的就是提拔他到更高的職位上，增加他的薪水了。

　　西爾斯同時認為，太多的教育員工的指示危害十分巨大。指示不要太具體，這樣的做法容易把一個人變成一台機器。當你派某個人到某個崗位上去做某一件事、履行某一責任時，永遠不要對他說「就這麼做」或者「別那麼做」。正確的做法是應該說：「去好好想一想，研究一下這件事，充分發揮你的才幹。」這個員工，當然，如果他是適合這個工作的人選的話，也一定會盡力充分發揮他的能力的。

　　優秀的管理者能認識到，成就最大的往往是那種願意而且敢於行動的人，四平八穩的船絕對不會離開港灣太遠。因此，他們鼓勵員工冒險，允許、寬容員工因此而犯錯誤，並且能夠認識到這是為個人和公司成長所必須付出的代價。

　　人們只能通過自己所犯的錯誤汲取教訓，學得經驗。任何一個僱主應當期望也應當鼓勵自己的員工發揮積極性和主動性，鼓勵他們勇於犯錯誤。只有通過這種方式，這些員工才能積累到經驗。這種管理培育員工的方式在早期可能代價十分昂貴，但這是惟一正確合適的培訓員工升至合適職位的方式。

1.在任務失敗時獎勵表現出色的員工

從某種意義上講，企業的工作任務總有失敗、完不成的時候，而任務失敗時，也總會有一些表現不錯的員工，對這些員工的表現是否獎勵，將直接影響到他們以後工作的積極性。如果因為企業的任務失敗而不去考慮對員工的獎勵，只會對員工造成打擊。

所以，要明白即使公司的任務沒有完成，員工也同樣要求別人對他們的卓越表現進行肯定，雖然他們的嘴上並沒有說出來，但是他們心裏卻確實有這樣的需求。所以，在任務失敗時獎勵表現出色的員工，就是激勵的必要方式。

2.強調努力的過程，而非最終的結果

當那些有革新意識並具有冒險精神的部屬所做的一些嘗試沒能取得成功，而是失敗，甚至是徹底的失敗的時候，不要因此而懲罰他們。失敗的部屬已經感到非常難過了，羞愧、挫敗感和尷尬的心情已經對他們產生了負面影響。此時，管理者要寬容一點，強調所做努力中的積極方面，並讓他們以積極的、「吃一塹，長一智」的態度對待失敗，鼓勵他們繼續前進。失敗是成功之母。要承認失敗，繼續前進，儘管去嘗試別的途徑。

當員工處於困境或失敗中時，管理者的褒獎會比平時管用一萬倍。它可以讓員工感到溫暖和鼓勵，對管理者感激不已，從而更加忠誠為企業服務。

容許失敗是管理者寬容和成熟的開始。因為發展會帶來變革，而變革難免出現失敗。如果員工因太在乎不要犯錯誤而求穩妥，也許就可能招致更大的錯誤發生。

在工作中採取一種「容許失敗」的態度，使員工敢於正視自己的「失敗」，其實是管理者的另類激勵。

松下幸之助有一句名言:「如果你犯了一個誠實的錯誤,公司可以寬恕你,並把它作為一筆學費。但如果背離了公司的精神價值,就會受到嚴厲的批評直至被解僱。」

3.鼓勵部屬進行大膽創新

作為管理者,一定要鼓勵部屬進行實驗、革新和擁有積極進取的熱情,要讓大家知道你能夠接受這樣的事實:有些項目的結果並非一定能如我們所願,但是,失敗卻讓我們向成功邁進了一步。

要想成為一名出色的管理者,不能只重視那些圓滿完成任務的人。你必須認真對待那些已經盡力甚至做出了巨大犧牲,但出於其他無法克服的原因而未能完成任務的下屬。一次失敗可能使他們喪失了自信,沒有了鬥志,如果你能寬容他們,並適時地鼓勵或者表揚一下,讓他們明白自己的心血沒有白費,他們肯定會重新恢復自信,找回自我。那麼,下一次他們很有可能就不再是失敗者了,而會是成功者了。

容許失敗,就是鼓勵嘗試和創新,就是為成功鋪路。容許失敗,旨在激勵失敗者的挑戰精神,以使其從失敗中尋找成功的因素,把失敗真正作為成功之母,從而最終獲得成功。

如果管理者批評或懲罰了那些對失敗負有責任的部屬,那麼,可能出現兩種結果:第一種是,在他們以後的工作期間,他們不願再做別的嘗試;第二種是,他們會開始尋找另外的能夠接受他們的失敗並鼓勵他們繼續努力的公司。

如果冒險和失敗帶來更多的是學習而不是懲罰,那麼,人們就願意冒險,因此也就有了創新的可能。所以,一個成功的管理者能意識到,在員工中形成冒險精神是激勵員工發揮積極性和聰

明才智的重要因素，也是促使個人與公司不斷成長、發展的重要條件。

因此，成功的管理者會去創造一種氣氛：提拔、獎勵和支持敢於冒險的人，並且給人們從錯誤中學習的機會，這也是激勵員工的有效方法。

鼓勵失敗是要培養一種態度。面臨失敗挫折的員工，更想得到理解和鼓勵。可以想像，當員工遭受到訓斥和否定，而沒有被理解時，他們會覺得在公司內部蔓延著一種令人緊張懼怕的氣氛，他們彼此會傳遞著相互保護的信息，學習逃避責任和懶於創造。對此，傑克·韋爾奇有一句較為精闢的話：「懲罰失敗的後果是，沒人會勇於嘗試。」事實也是如此，一旦沒有人勇於嘗試新事物，公司自然會失去了生命力。

🔊 第三節 不必事事都要過問

管理者其實很像一個指揮比賽、同時給大家鼓勁打氣的教練：他指導球隊前進，要求嚴格，也儘量把自己的看家本領傳授出去，以便促進運動員的成長。在比賽進行時，坐在場外的教練必然能為運動員團結合作的精神和傑出的表現感到欣慰。

台灣的奇美公司以生產石化產品 ABS 而位居全球行業首位，可是公司董事長許文龍對於公司內部大大小小的事情都不過問，自己也從不作任何書面指令，就是偶爾和主管們開會，也只是聊聊天、談談家常而已。更讓人感到奇怪的是，他在公司裏連一間

專門的辦公室都沒有。

　　有一天下大雨，許文龍決定到公司去看看。當他到達公司後，員工看見他都驚訝地問：「董事長，沒事你來公司做什麼？」他想了想覺得很有道理，於是，便一溜煙地開車走了。

　　像許文龍這樣的管理者就是聰明的管理者。因為他懂得正確地利用員工的力量，發揮協作精神，為公司創造業績，同時也有效地減輕了管理者的負擔。

　　有些事情應該讓你的下屬去做決定。要不斷地向上級請示才能做出決定的下屬肯定不是好的下屬。你的下屬往往比你更瞭解實際情況，所以在很多情況下比你更有權做出決定。即使偶然做出個別不正確的決定，那也沒有關係。他會從錯誤中得到教訓，變得更加聰明。一名管理者，不可能控制一切；你協助尋找答案，但本身並不提供一切答案；你參與解決問題，但不要求以自己為中心；你運用權力，但不掌握一切；你負起責任，但並不以盯人方式來管理員工。你必須使下屬覺得跟你一樣有責任關注事情的進展。

　　實際上，團隊裏的有些事務並不需要你的參與。例如，員工完全有能力找出有效的辦法來完成任務，而用不著管理者來指手畫腳。也許領導者確實是出於好意，但是員工們可能不會領情。更有甚者，他們會覺得管理者對他們不信任，至少他們會覺得管理方法存在很大問題。當出現這種情況時，你應當學會如何置身事外。這裏有一個小小的竅門：在你決定對某項事務發佈命令之前，你可以先問自己兩個問題：「如果我再等等情況會怎麼樣？」「我是否掌握了發佈命令所需要的全部情況？」如果你覺得插手這項事務的時機還不成熟或者目前還沒有必要由自己來親自做出

決定，那麼你應當選擇沉默。在大多數情況下，事實上也許根本不用你費心，你的員工就會主動地彌補缺漏。

　　某大公司首先選定了董事會秘書、總裁助理、總經理助理、總經理秘書及企業策劃人員等進行了激勵措施的實施。激勵措施確定了以下實施原則：減少控制，但管理責任不變；增加個人對本工作的責任；給員工一個完整的工作任務(項目)；對員工自己的工作活動授予更大自由度；安排難度更大的新任務；給員工創造專業的工作與個人發展途徑。

　　從表面看，這些精挑細選、訓練有素的白領們所完成的工作必然是非常複雜和具有挑戰性的，但實際上這些人的工作都是職場中屢見不鮮的文秘、溝通聯絡、方案撰寫等內容，而且他們的工作態度和業績平平，於是，公司採取了以下措施：

　　(1)改變以往上司對員工各類文件大包大攬、吹毛求疵式的校改與審核，上司只進行框架式的審核，員工具有一定自主權並對文件負責，對經驗豐富、能力較強的員工，上司只對其少數極重要文件進行審閱，其他一律直接呈送。

　　(2)改變以往所有疑難甚至一般問題都向上司請示的工作方式，員工在向上司請示之前，可以就有關問題諮詢一些專家或同事，並獨立形成完整思路，上司只進行必要的思路調整與工作指導。

　　(3)改變以往所有文件均由上司簽字的工作方式，部份文件由員工個人簽發。

　　(4)改變以往上司像碎嘴婆婆一樣的叮囑、催促，員工對自己每天、每一項工作的進程擁有一定自主權。

　　(5)改變以往上司承擔各種文件品質與準確性責任的做法，每

個員工對自身的工作成果負責。

(6)改變以往文件、方案撰寫中「八股文」式的固定與僵化模式，除少數必要的格式外，鼓勵員工以個性化方式撰寫。

以上措施看似平常，然而卻在「潤物細無聲」中帶給員工全新的心理體驗，讓他們充分感受到了尊重、信任、責任、創新和更多的工作樂趣與價值。在這些激勵措施中還體現了分權管理、組織扁平化、管理職能創新等很多激勵員工的有益嘗試。實施了這些激勵舉措後，經過一段時間的工作，員工的工作態度與業績有了明顯改善，而且業績持續提升，各類文件品質有了明顯的提高，準確性與及時性也大大加強，他們在言行中對工作的喜愛程度也在明顯提升，員工得到有效而持續的激勵。

案例　拍拍肩膀

每個人都需要鼓勵，正像每個人都需要看到陽光一樣。這是古希臘學者在兩千年前的一種觀點。的確，鼓勵就是代表著給予對方一種希望，給予一種可憧憬。我們經常可以在軍事題材的電影中看到一個場景，當一個士兵悲傷、絕望的時候，他的上司通常會在他的肩膀上拍一拍，以示對他的支持和鼓舞。在這種情況下，士兵都會重新燃起希望，樹立起必勝的信心。還有另一種場景，那就是當士兵出色的完成任務時，上司總會情不自禁地拍拍他的肩膀，意思是說：你幹的非常好，我很佩服你。

其實，在企業管理中，主管也要向電影中對待士兵那樣來對待員工，因為你是企業的管理者與領導者，你的鼓勵與支持本身

就帶有一種別人無法複製的巨大統治力。

在員工出色的完成任務時，你不妨輕輕地拍一拍他的肩膀，這種肢體上的肯定表達的情感往往比語言上的更真切，更具有親和力。同時，這種親切的舉止所反映出的是領導者的大氣和平易近人的管理風格，你的員工也必然會被你的友善所感動。

【專業指導】

- 主管和員工間的肢體交流機會是非常少的，而一個簡單的動作遠遠比一大堆沒用的話實用的多。所以，經理人在獎勵員工的時候，要多考慮一下員工能否真切的感受到來自你的鼓勵與信任。所以，請你一定不要忘記，拍一拍肩膀所表達的永遠是一個上司最直接的認可。

- 當員工出色的完成任務後，把他叫到辦公室中，對其表示的問候並用你的手輕輕的拍一拍他的肩膀，並微笑地說一句：「你做得很好，我非常滿意。」

- 你也可以在員工走路時，不經意的悄悄地走到他的身後，然後拍一拍他的肩膀。當他回過頭時，你再對他做的工作表示肯定，以示你對他的關注，最好能夠在拍肩膀時，叫出他的名字，這樣員工會覺得你更重視他。

- 拍肩膀的獎勵方法並不適用於每個人，也許女經理拍男員工的肩膀不但不會失禮，反而會效果更佳，但如果是男經理拍女員工的肩膀，那就不妥了。

案例　**把感謝信放入檔案中**

　　員工檔案可以說是跟隨員工一生的「識別碼」，員工在工作生活中的一切情況，包括所獲得的榮譽、犯錯誤的污點都記錄在檔案中。可以說，員工檔案嚴重影響著員工的前途。

　　然而，管理者還僅僅把檔案限定於一種「記事本」而已，對於企業而言，檔案顯得毫無意義，只能浪費著辦公室中的櫃子，還不能扔掉。毫無疑問，這是在浪費企業有限資源的一種現象。

　　其實，檔案對於企業來說是一種寶貴的資源，之所以主管會棄之不用，是因為在中國企業管理者的獎勵機制裏，很少有人會把檔案當成一種鼓勵的工具。

　　檔案確實能對員工的前途產生一定影響，到了新的工作單位，檔案就成了員工給予新領導的印象，誰也無法私自抹去寫在裏面的「污點」與「亮麗」。

　　因此，對於員工來講，如果檔案裏能夠有一封感謝信的話，那麼他將來無論到那都會得到優待。所以，獎勵出色的員工，不妨寫封感謝信並放入他的檔案中，他必定會感謝你一生，在工作中當然也會更加賣力。

【專業指導】

・找員工的部門經理到辦公室中，瞭解一下那名員工在工作中的具體情況，然後讓他寫封感謝信，以表達對員工所做貢獻的一種認同與感謝。

・你也可以把那名員工叫到辦公室中，感謝他對公司所做的貢獻，並且告知他將會得到一封你親自書寫的感謝信，並

在員工大會上對他提出表揚，告訴員工你會把感謝信放到員工的檔案中。

· 感謝信最好由你自己親自書寫，並且簽上自己的名字，然後蓋上章。

心得欄 _____

_____

_____

_____

_____

_____

第 *14* 章

主管激勵員工的成長原則

🔊 第一節　讓員工感覺到企業有光明的前途

只有當企業發展有潛力、有前景，員工才會有信心、有幹勁。
企業與員工的願望應該是統一的。

一個員工，或者說一個人才，如果認為企業沒有發展前途，
其結果只有一個：跳槽，只不過是一個時間長短問題。

因此，你提倡高薪留人，也必須是在企業有發展前景的前提
之下，否則那也只是權宜之計，是短命的；你提倡情感留人，從
道理上講沒錯，但也是建立在企業有前景的基礎上。所以說，最
根本的核心問題是事業。有了事業，人才的價值才有體現的平台，
才有發揮的空間。

企業管理者要站在企業未來發展的高度，積極營造一個能「拴
住人心」的員工發展平台，營造一個有利於充分發揮人才作用的
激勵機制。對此，給你如下建議：

1.要努力營造適宜人才發展的空間

高薪並不是人們的惟一追求，一個有才能、有志向的人，除了要看報酬外，他們往往更看重自己將要立足的崗位是不是有利於施展才華，發展的空間大不大等非金錢因素。

要讓員工充分認識企業發展前景，感到有發展前途，對公司產生信任感、安全感，他們就會「自動自發」地為企業服務。

要科學設崗，使人才在他們的崗位上，既能施展才幹，又能學到新的本領。

要注意企業內部的人才流動，在一個崗位做好了，就要及時根據其能力，使人才的活動舞台更廣泛，造成一種「海闊憑魚躍，天高任鳥飛」的生動活潑的局面。

2.建立有利於人才脫穎而出的用人機制

不斷深化企業人事制度改革，堅持公開、公平、競爭、擇優原則，逐步實現因需設崗，競爭上崗，擇優聘任，以崗定薪，考核有標準、獎懲有依據的用人制度體系和「人員能進能出，職務能上能下，待遇能高能低」的動態用人機制。

3.建立有利於人才全面發展的育才機制

根據人才培養政策，結合企業實際，逐步建立終身教育機制，推行再教育工程，積極創造人才終身受教育的環境和條件。逐步建立人才培訓機制，根據各類人才的特點和企業的發展需要，採取不同方式分期分批進行培訓。

建立實踐鍛鍊機制，有計劃地把有潛質的人才安排到重大項目、重要崗位接受鍛鍊，採取企業內部輪崗、交流等多種方式，讓人才在實踐中不斷得到提高。完善職業技能鑑定機制，定期對員工進行技術水準鑑定，進一步疏通技能人員的成才通道。

第二節　敢於給員工一個事業發展的平台

　　要敢於給予有能力的部屬一定的發展空間，讓他們釋放自己的潛能，追求事業的成就感，從而實現企業的發展目標。

　　Sun 企業的軟體工程師派翠克‧納夫頓對工作感到厭倦，對 Sun 的開發環境感到不滿，決定離開 Sun 企業去 Next 企業工作。並向麥克尼裏遞交了辭呈。本來，對於 Sun 這樣一個人才濟濟的企業來講，走一兩個人是無足輕重的，但是麥克尼裏敏感地意識到了企業內部可能存在著某種隱患。於是他請求納夫頓寫出他對企業不滿的原因。並提出解決辦法。

　　當時，納夫頓抱著「反正我要走了，無所謂」的想法，大膽地指出 Sun 企業的不足之處。他認為 Sun 企業的長處是它的開發能力，但是企業對科研人員太過「管束」，不利於個人才能的發揮，企業應該早日改變這種現象，才能真正做到以技術取勝。他建議 Sun 在技術領域方面要求新進取，並且應該使當時 100 多人的 W1ndows 系統小組中的大多數人解脫出來。這封信在企業內引起了很大的反響。麥克尼裏通過電子郵件將這封信發送給了許多 Sun 的頂層軟體工程師。很快納夫頓的電子信箱就塞滿了回信，這些信件都來自於支援他對企業現狀進行評述的同事。

　　要給予員工事業發展的平台，管理者就不要對部屬施予過多的管束，要知道擅長創造思維的人才喜歡在一個能讓他有充分自主權的環境中工作，這樣他們就能有充分的自由，越過一般的條

條框框，去做一些從來沒做過的事情，實踐自己的一些想法。而這就要求企業對這些人才多一些「放任」，讓他們大膽嘗試，自由發揮，這對於企業只有益處沒有害處。在這一過程中，企業要及時瞭解他們對環境的需求和想法。盡力提供有利於其施展才能的環境。

為部屬提供事業發展的平台，就是要求必須充分相信和認可下屬，這樣才能激勵起他們的工作熱情，從而提高工作效率。

1.讓員工自己去面對

當員工由於無法對付某個問題而感到苦惱時，不妨以個人的經驗而提供員工一些方法。然而，許多時候，情況往往在開始時便弄巧成拙，變了質。但是語氣上卻隱含命令的意味，那麼員工表面上也許接受，心裏卻未必服氣，因此這一點必須特別注意。要知道，當員工因為不知如何做而感到悶悶不樂的時候，如果趁機在一旁干預，對於員工而言，或許意味著對他們不信任。

在此情況下，主管不妨對員工表示：「如果是我，我將這麼做，你呢？」以類似的做法來指導員工，不但可保持自己的立場，也可將意見自然地傳達給員工，說服的目的便達到了。若直接表示自己的方法，則無法讓員工真正學到工作的實際技巧。

如果能夠指出多種方法，讓員工自己有機會加以思考，員工一方面會認為是給自己面子，另一方面則將提高信賴感。

很多員工都有這樣的體會，與企業領導相處時，總會感到緊張不安，他們想讓企業領導者高興卻不知如何做才好。當企業領導者離開時，他們會輕輕地噓一口氣，並開始真正感到自由，慶倖終於可以做自己感興趣的事情了。沒有企業領導在場時，他們反倒能全身心地投入到工作之中，能更好地做出決定，並能從中

找到樂趣。不妨故意製造這樣的機會，這樣一來，你將會意外地發現員工的潛力。如果你已經能夠培養員工按照你所信任的方式去做，如果你讓他們真正承擔起自己的責任，如果你能讓他們自主行事，那麼，當你不在的時候，所有一切照樣可以圓滿而成功地完成。

2.多給下屬表達想法的機會

作為上級，發言的機會總會比下屬和一般員工多得多。雖然也有提倡和鼓勵下屬和員工表達觀點、提出意見，但在大多數情況下，說話最多的還是那些高高在上的領導者。其實不止是開會，即使是一對一的面對面的溝通，說話更多往往也是上級而不是下屬。

因此，一方面你要盡可能地為下屬多製造發言的機會，另一方面對於他們的發言，你一定要認真聆聽。這樣你不僅可以從下屬和員工那裏獲得最直接的第一手情報，而且，認真傾聽下屬的談話表達了你對他們的肯定，從而使他們獲得心理上的滿足。

3.將責任和職權下放

卓越者只向員工下達工作目標，其他細節部份則交給員工自行處理，這是一個讓員工發揮能力的好機會。

讓員工將企業提供給他的那份工作當成自己的事業，他必能奮力工作，最終受益的是企業和雙方員工。

◀))) 第三節　關於給員工製造學習與深造的機會

如果你認為企業裏的每個人都應該發揮他最大的潛力，來使企業繁榮發展，那麼，給他適當的訓練是絕對必要的。

「幫助別人發揮他的潛力，一方面是我們道義上的責任，另一方面對我們的業務也很有幫助。」強生威爾的 CEO 史代爾說，「人生應該有抱負，充滿學習欲的人是欣欣向榮的，他們是快樂的人，他們也必定是好員工。充滿學習欲的人有進取心，有想像力，一家公司如果有很多這種員工，這家公司一定不會打瞌睡。」

然而，培養部屬在團隊中屬於重要但不緊急的事。而且認為很費時間，往往被忽略而「忙」別的事去了。這樣做會造成惡性循環：部屬愈是能力不足，愈是不敢授權，結果造成更忙，部屬幫不上忙的現象。

還有一種情況是，為員工佈置具有挑戰性的任務或是派員工參加培訓，試圖以此來達到培養員工的目的。領導者的理想是培養既有效率又有創造性的員工。但是到了實踐中，他們的策略有可能是任其沉浮，任其發展：把員工扔到波濤洶湧的水中，最後的生存者就是最終的勝利者。他們的前提是，最好的員工和那些能力上已經有所發展的員工總會像油一樣浮在水面。如果他們不能在這個適者生存的環境中做出良好的表現，自然也不值得他們去拯救。

一些主管喜歡翹著二郎腿對下屬說：「不要告訴我過程，我只

需要結果。」說這句話的時候主管的姿態確實很酷，而且這句話本身聽起來也很有個性，很有風度，也能使主管的尊嚴彰顯無遺。然而，如果員工沒有完成任務的想法、方法、技巧和資源，再多的人，再嚴厲的命令都無濟於事。作為一個主管，除非你致力於培養自己的員工，否則你自身的領導力也會大打折扣。

培養他人無疑是一項系統工程。要獲得較好的效果，就必須堅持一些基本原則。

1. 保證培訓活動的持續性

為了充分挖掘和利用部門的潛能，必須放棄把培養員工視為權宜之計的想法。要達到卓越，就必須保證培訓活動的持續性。

培訓作為一種管理手段，它不僅有助於實現績效的目的，而且還有利於創建一個責任共擔的有效團隊。因此這個過程必然會帶來整個部門能力的提高。反過來，作為團隊成員，員工要參與部門管理首先需要具備一定的能力，這就提出了開發需求，要求部門為他們提供一個施展技能的機會，同時也為團隊成員提供多種潛在的績效回饋來源。通過這個週而復始的循環過程，整個部門的能力也不斷得以強化。

2. 要針對性地培養員工

培養員工最重要的目標在於激勵每個人的自我成長和發展。但是不同的人所具備的知識、能力是不同的，而且他們未來的成長和發展方向也存在著巨大差異。也就是說，每個人需要增長的知識和技能，以及適合的培養方式並不完全相同，指望一勞永逸，以一種方式讓所有人受益是不可能的。

強調針對性地培養員工，除了一般性的指導和訓練外，給員工佈置具有挑戰性的任務以及建設性的批評，不僅有助於員工的

發展，也是他們所希望的。但要針對性地培養員工最有效的途徑依然是：在提高員工承擔管理技能的同時，滿足他們對挑戰性和個人發展的需求。這種相互協調的發展觀對於絕大多數部門來說都是至關重要的，因為很少有領導者有這樣的勇氣讓員工去承擔本應由自己承擔的責任。

3.做員工和部屬的好導師

做導師的主要目的是促進員工職業生涯取得進一步成功。做導師和做職業輔導不同，導師需要源源不斷地就組織的目標與經營觀為員工提供信息和見識，教導員工如何在組織內發揮作用。此外，在員工遇到個人危機時，領導者還要充當其知己。

 案例 直呼其名

每個人都有自己的名字，而更多的時候，名字只是一個表像符號，他只是一個人在社會中的代表象徵而已。但是現在，一個人的名字似乎然已經代表了這個人的一切，包括那人所取得的榮譽、成就等價值影響力。

一個企業中可能有幾百個員工甚至成千上萬，主管不可能把每個人的名字都牢記在心裏，可以毫不諱言，大多數經理人只知道手下以及部門骨幹的名字，這本無可厚非。但正是由於不知道員工叫什麼，才在一定程度上加大了主管和普通員工溝通的難度，於是，管理者與被管理者之間的關係自然變得非常陌生，而管理者的形象也在一定程度上受此影響，難免被蓋以「高高在上」的印記。

如果一名普通員工工作的非常出色，主管就應該記住他的名字，並且可以在大庭廣眾之下叫出他的名字來，對於員工來講，這無疑是一種令人意外的獎勵。而你那高高在上的形象也會隨之消失的無影無蹤，只能用「平易近人」四個字加以代替。當從你直呼員工名字時，代表了那名員工的成績已經被你肯定，並且代表了他已經在所有員工當中脫穎而出成為你關注的對象，這無疑是種巨大的鼓勵，也是一種鞭策員工更加上進的最簡單的方式。

而這種獎勵方法只需要你記住他，並叫出他的名字。

【專業指導】

- 建立一個員工名冊，並配上每個人的照片，以便你能夠記住他（她）。
- 當你在公司的大堂裏見到他經過時，你就大聲地叫出他的名字，並且詢問他的工作生活情況，告訴他，他做得很好，要繼續努力。
- 在員工大會上，看著他並點出他的名字，表揚他的成績。

心得欄

第 *15* 章

主管激勵員工的參與原則

🔊))) 第一節　要讓員工參與事務

　　給予員工參與管理的權利，可以釋放出隱藏在他們體內的能量，擁有參與感的感覺，意識到企業的事就是自己分內的事時，其爆發出來的能量會超乎你的想像。

　　某精密鑄模公司是通用汽車下屬的一家企業，在過去，公司的許多管理制度都是在權威式的管理思想下制定的，員工沒有提出意見的機會，即使有時提出了意見，也得不到管理者應有的重視。這樣的結果，使員工的流動率很高，怠工事件時有發生，缺勤率高達 7%，產品退貨率為 3.9%，公司一度瀕臨破產邊緣。

　　在這種形勢下，公司接受了總部的建議，決定通過讓員工參與企業管理來改進工作。其主要內容有：讓員工瞭解公司的政策；促使員工主動參與；建立有效的獎勵制度；每月召開一次「員工參與管理會議」，保證在一年中每個員工至少有一次機會當面向高

層管理者暢談自己對公司工作的各種意見，盡可能多地讓員工參與企業決策。對於員工對公司的抱怨，管理層必須及時處理，不得延遲。

　　採取了這些措施後，精密鑄模公司的狀況發生了很大變化：公司產量增加了將近 40%；再未發生過怠工事件，員工申訴案件僅為以前的 10%；缺勤率由 7%降為 3%；產品退貨率由 3.9%降為 1.5%。員工得到前所未有的激勵，公司的經營得到很大改善。

　　一項對員工參與企業管理的調查發現，企業中的員工普遍都有參與公司管理的心理，主要表現在以下四個方面：

(1)希望主管能邀請他們參與和公司有關的決策；

(2)希望主管能以開放的態度提供第一手的情報；

(3)希望和主管的關係和「合夥人」一樣，沒有權勢的差別；

(4)希望能和主管一樣成為公司最得力的中堅分子。

　　無論管理者是出於什麼原因，是沒有意識到還是覺得沒有必要，還是出於安全考慮，而拒絕員工參與管理，這對任何企業來說都是一筆巨大的損失。因為假如你現在已經是一位「參與管理」的主管，你將會發現，讓員工積極參與企業的決策，可以有效激勵組織成員的成就感和責任感，並且從中獲得諸多收益。

　　另外一項調查顯示，在大多數公司中，大約只有 20%的員工能夠真正參與管理，大多數的員工仍有被摒棄在外的感覺，他們對企業的管理沒有參與權。這是一個多麼可悲的情景！當員工想要參與企業的經營管理、分擔更多的責任時，我們的管理者卻將他們拒之門外！

　　讓員工參與企業管理，這既是對其能力的認可，又是激勵員工士氣的好方法。通過參與管理，可以使員工感受到一種「我不

光是一個執行者，更是一個決策者」的成就感，這樣，員工就會把企業的事業當作自己的事業來看待。員工對企業決策的參與度越高，員工能力發揮得也就越好。

1. 多讓員工參與企業決策

所謂的參與管理，指的是在不同程度上讓員工和下屬參加企業的相關決策過程和各級管理工作，讓下屬和員工與企業的高層管理者在平等的地位上研究和討論企業中的大小問題。這可以使員工從中感受到信任，從而產生出對企業的責任感。由於員工受到了重視，會同時產生一種成就感，並因此而受到激勵。這也為組織目標的實現提供了保證。

要使員工對工作充滿熱情，像關心自己的事情一樣關心企業的事業，可以有很多方法，但是多讓員工參與企業的決策卻是其中最最有效的。

一個好的管理者，不僅懂得要多讓員工參與企業管理，還會儘量讓員工參與企業決策的每一件事，依靠群策群力，集中大家的力量一起作出正確的決策。這有利於集中員工的智慧，充分挖掘員工頭腦中蘊藏的聰明才智。

讓員工參與企業決策，使每一個員工都成為企業的決策者，可以有效地激勵員工，得到他們全力的支持。所以，管理者必須讓員工參與進來，而且越早越好。

2. 從改變管理者觀念上下工夫

讓員工參與管理說起來容易，做起來難，首先就體現在觀念。

參與管理對企業的益處已經講到，無論這些企業領導是出於什麼原因，拒絕員工表達意見、拒絕員工參與管理、對員工的建議不理不睬，對任何企業都是有害無益，它只會嚴重打擊員工的

積極性。要讓員工參與管理，首先就要領導者摒棄舊式思想，不要包攬一切、一切決定都由自己做，而必須信任他人，放手讓員工去做。

觀念的改觀是管理者通過具體的方法提高員工對企業管理參與度的第一個步驟，具體來講，管理者還應該做到以下幾點：

⑴決定讓人參與的事項。找個清靜的地方，寫下一週內讓人來參與的活動，並和他們約法三章。

⑵限制成員的人數。保持組織的精簡，創造更多的參與機會。

⑶抓住每一個機會。只要一有機會，就記得讓員工參與，這樣，員工就會覺得受到了尊重。如此堅持下去，很快就能提高所有員工參與的慾望了。

🔊))) 第二節　鼓勵你的員工暢所欲言

在充滿活力的企業中，管理者都要求自己的員工積極地說出自己的想法，每個人都可以進行爭論，並且能夠毫無顧忌地交換意見。而要做到這一點，管理者本身要摒棄官僚風氣，敞開胸懷，勇於接納別人的意見。這樣，每個人都能夠全身心地投入到目標與議題中來，從而促使議題得到全面、及時的解決。

葛洛夫十分熱衷於「建設性對立」並且身體力行。他以定期同下屬單獨會面而著稱。在他的倡議下，公司內部任何一個職員都可以(而且應該)向其他任何人挑戰，包括葛洛夫，不用考慮禮節和管理級別。人們不會因為不同意某項決策或提出了一些獨特

的建議而擔心遭到攻擊。在日常工作中葛洛夫和職員經常爭論，有時達到白熱化的程度。他們通過電子郵件傳送問題並表達不同的觀點，來來往往的信件通常遍佈整個公司，所有感興趣的部門都被邀請參加。

　　大多數人的能力都超過他們在被動情況下所展示的能力。及時感謝員工的建議，鼓勵員工更積極地說出自己的意見，可以使員工化被動工作為主動工作，從而更好地發揮出自己的能力。

1. 鼓勵員工積極說出自己的看法

　　很多成功企業都設法鼓勵員工提建議，他們對員工的各種建議或意見積極傾聽、及時採納，這不僅可以有效提高企業的工作效率、改進企業的各項工作，而且極大地激勵了員工精神。

　　如果一家企業的每一位員工都能積極地為企業的各項工作提建議，那麼至少可以說明員工對企業的工作抱著積極的態度，他們具有極強的責任感。如果建議得到了採納，那麼員工會感到自己受到了尊重，對以後的工作會更加積極。對企業來說，由於員工天天在基層崗位上工作，離市場或生產最近，往往比那些高高在上的領導者更能看出真正的問題在那裏，也能看出也許永遠都找不到的解決問題之道，因此更應該積極鼓勵他們為企業的發展出謀劃策。

　　但可惜的是，很多領導者在這方面都有所欠缺。即使是美國，也只有 41%的被調查的員工相信，公司會傾聽員工的意見，平均下來，員工一年只提一兩個建議。但是日本就不同了，日本員工平均每年給他們的僱主提出數百個建議，他們要求員工在家裏、在車上都要想問題，他們把合理化建議說成是「把毛巾再擰出一把水來」。這不僅使企業從合理化建議中獲得很大利益，更重要的

是，激發了廣大員工參與企業管理的積極性和主動性，增強了員工對企業的感情。

2.保護員工提建議的積極性

要想鼓勵員工積極為企業提建議，對員工的建議如何處置就至關重要。如果員工大著膽子為企業的某項工作提出了自己的建議，領導者卻置若罔聞，使意見不知不覺中就沒了下文，那麼可以肯定，這名員工以後是不可能再為企業提出任何建議了，因為他的積極性受到了打擊。所以，要想使提建議成為激勵員工的一種方式，就要對員工寶貴的積極性進行保護，這不僅可以對該員工產生激勵，同時也鼓勵了其他員工。

3.對員工提出的建議表示感謝

無論建議本身如何，只要員工提出了建議，首先就要儘快對員工表示感謝：「沒想到你會想出這種辦法。你很認真，真不錯。」「謝謝你能這麼細心地考慮問題，這個建議很好，我們一定認真考慮。」當然，只是口頭感謝還遠遠不夠，還應儘快拿出實際行動，對員工的建議仔細考慮、論證，如果確實可行，應及時採納，儘快實施，同時通知該員工，他的建議已經得到了採納。此外，公司還應該根據建議實施的效果，適當地對員工進行獎勵。

案例 ## 彈性工作制

如果想讓管理更具人性化特色，同時對員工的工作進行認可和獎勵的話，那麼不如讓員工們按照彈性工作制原則上下班。使員工能獲得支配時間的權利，從而充分表達你對他們工作的鼓勵。

彈性工作制是指在完成規定的工作任務或固定的工作時間長度的前提下，員工可以靈活地、自主地選擇工作的具體時間安排，以代替統一、固定的上下班時間的制度。

彈性工作制對員工來說無疑是一個巨大的獎勵。首先，員工在工作時間有了一定的自由選擇，他們可以自由按照自己的需要作息，上下班時就可以避免交通擁擠，免除了擔心遲到或缺勤所造成的緊張感，並能安排時間參與私人的重要社交活動，便於安排家庭生活和業餘愛好。

其次，由於員工感到個人的權益得到了尊重，滿足了社交和尊重等高層次的需要因而產生責任感，提高了工作滿意度和士氣。

彈性工作制既能達到獎勵員工的作用，對於企業來說，它更是一個提高效益回報的手段。比起傳統的固定工作時間制度，有著很顯著的優點。首先，彈性工作制可以減少缺勤率、遲到率和員工的流失。其次，彈性工作制可以提高員工的生產效率。有一項研究發現，在所調查的公司中，彈性工作制使拖拉現象減少了42%，生產率增加了 33%。對這種結果的解釋是，彈性工作制可以使員工更好地根據個人的需要安排他們的工作時間，並使員工在工作安排上能行使一定的自主權。其結果是，員工更可能將他們的工作活動調整到最具生產率的時間內進行，同時更好地將工

作時間同他們工作以外的活動安排協調起來。而且彈性工作制增加了工作營業時限，減少了加班費的支出，例如，法國某公司採取該制度後，加班費減少了 50%。

　　無論是對員工個人，還是對於企業整個團隊，主管實施彈性工作制可以有效激勵全員的士氣，提高生產效率，從而為企業的發展開創一個難得的機遇。

【專業指導】

- 彈性工作制固然優點很多，但也有缺點，公司必須對此有深刻認識。首先，它會給管理者對核心的共同工作時間以外的下屬人員工作進行指導造成困難，並導致工作輪班發生混亂。其次，當某些具有特殊技能或知識的人不在現場時，它還可能造成問題更難以解決，同時使管理人員的計劃和控制工作更為麻煩，花費也更大。另外，有些工作並不宜轉為彈性工作制，例如，百貨商店的營業員、辦公室接待員、裝配線上的操作工，這些人的工作都與組織內外的其他人有關聯，只要這種相互依賴的關係存在，彈性工作制通常就不是一個可行的方案。所以，公司要經過仔細的思考後，才決定是否用此方法獎勵員工。

- 與你的部門經理開會，設定下一年的工作目標，然後根據目標選擇一種彈性制度的規定措施。

- 為你的員工下一年的工作給出一些明確的目標，然後允許員工按照自己的能力和喜好選擇自己認為能夠勝任的措施。

- 你可以和員工進行坦誠的交談，掌握員工的工作進度和大致過程。

案例　額外的健康檢查

　　雖然人們都知道健康的重要性，但有時卻因為工作的繁忙而常常忽視它，企業的員工更是這樣，而主管如果要表達對員工的認可和獎勵時，不妨把體檢作為一種獎勵的措施。當然，這裏所說的體檢是指在平時集體組織體檢以外的額外體檢，這樣員工會深切感受到來自管理層的重視。

　　體檢時不但可以檢查身體，還可得到健康的諮詢。健康的生命猶如員工手中的一把乾沙，稍不留意，就會從指縫中間悄悄溜走。當員工身體處於健康與非健康的「臨界」狀態時，及時體檢能夠抓住調整心理、生理的好時機，以免悔之晚矣，進而影響工作的正常進行。

　　其實，不少員工只在覺得有病時才去醫院，甚至認為體檢沒有必要。這種看法是錯誤的。一個人體內可能潛伏著病理性的缺陷或功能不全，而在表面仍然不表現出病態來。有些疾病一旦出現症狀時，往往已進入晚期。事實上，有許多疾病早期症狀並不明顯，甚至無感覺。譬如，高血壓患者有一半是在體檢時才被確診；隱性冠心病平時毫無異常，待到自我感覺有問題時常常已到晚期。

　　所以，作為主管有責任重視員工體檢的問題，並把額外體檢當作一個獎勵的機制，從而鼓勵員工正視健康的重要性，這樣才能使員工在工作中發揮最佳的狀態，對於企業發展而言，具有重要意義。

【專業指導】

- 公司當然希望員工能夠有一個健康的身體，體檢就是為了不讓員工的身體出現大的狀況而影響工作狀態。當然，如果員工身體確實經過體檢查出一些問題。企業也應該給予一些工作上的便利，以使員工儘快恢復健康並早日回到工作崗位。

- 定期為員工進行體檢，並製作一個健康登記表，記錄每次體檢的結果，對於那些健康有問題的員工，經理人要關心幫助他們，以使他們感受到企業的支持。

- 對於那些工作出色的員工，主管可以獎勵他們免費做一些額外而細緻的體檢項目，並不僅僅局限於集體體檢時的那幾項，當他們身體不舒服時，企業要做到隨時為他們提供體檢服務。

- 網上的體檢機構名目繁多，只有親身體驗後才知道其正規不正規，所以，主管可以通過實地體檢的方式選定一家專門的體檢機構作為企業職工體檢服務的合作對象。

- 當員工出現身體狀況時，主管還可以指派專人陪同員工去檢查身體，以顯示企業對於每一個人的關懷。

心得欄

圖 書 出 版 目 錄

　　下列圖書是由憲業企管顧問（集團）公司所出版，以專業立場，為企業界提供最專業的各種經營管理類圖書。

1. 傳播書香社會，凡向本出版社購買（或郵局劃撥購買），一律 9 折優惠。
   服務電話 (02) 27622241　(03) 9310960　　傳真 (02) 27620377

2. 請將書款用 ATM 自動扣款轉帳到我公司下列的銀行帳戶。
   銀行名稱：合作金庫銀行　　帳號：5034-717-347447
   公司名稱：憲業企管顧問有限公司

3. 郵局劃撥號碼：18410591　郵局劃撥戶名：憲業企管顧問公司

4. 圖書出版資料隨時更新，請見網站　www.bookstore99.com

經營顧問叢書

13	營業管理高手（上）	一套
14	營業管理高手（下）	500 元
16	中國企業大勝敗	360 元
18	聯想電腦風雲錄	360 元
19	中國企業大競爭	360 元
21	搶灘中國	360 元
25	王永慶的經營管理	360 元
26	松下幸之助經營技巧	360 元
32	企業併購技巧	360 元
33	新產品上市行銷案例	360 元
46	營業部門管理手冊	360 元
47	營業部門推銷技巧	390 元
52	堅持一定成功	360 元
56	對準目標	360 元
58	大客戶行銷戰略	360 元
60	寶潔品牌操作手冊	360 元
72	傳銷致富	360 元
73	領導人才培訓遊戲	360 元
76	如何打造企業贏利模式	360 元
77	財務查帳技巧	360 元
78	財務經理手冊	360 元
79	財務診斷技巧	360 元
80	內部控制實務	360 元
81	行銷管理制度化	360 元
82	財務管理制度化	360 元
83	人事管理制度化	360 元
84	總務管理制度化	360 元
85	生產管理制度化	360 元
86	企劃管理制度化	360 元
91	汽車販賣技巧大公開	360 元
94	人事經理操作手冊	360 元
97	企業收款管理	360 元
100	幹部決定執行力	360 元
106	提升領導力培訓遊戲	360 元

112	員工招聘技巧	360 元	160	各部門編制預算工作	360 元
113	員工績效考核技巧	360 元	163	只為成功找方法，不為失敗找藉口	360 元
114	職位分析與工作設計	360 元			
116	新產品開發與銷售	400 元	167	網路商店管理手冊	360 元
122	熱愛工作	360 元	168	生氣不如爭氣	360 元
124	客戶無法拒絕的成交技巧	360 元	170	模仿就能成功	350 元
125	部門經營計劃工作	360 元	171	行銷部流程規範化管理	360 元
127	如何建立企業識別系統	360 元	172	生產部流程規範化管理	360 元
129	邁克爾・波特的戰略智慧	360 元	173	財務部流程規範化管理	360 元
130	如何制定企業經營戰略	360 元	174	行政部流程規範化管理	360 元
132	有效解決問題的溝通技巧	360 元	176	每天進步一點點	350 元
135	成敗關鍵的談判技巧	360 元	177	易經如何運用在經營管理	350 元
137	生產部門、行銷部門績效考核手冊	360 元	178	如何提高市場佔有率	360 元
			180	業務員疑難雜症與對策	360 元
138	管理部門績效考核手冊	360 元	181	速度是贏利關鍵	360 元
139	行銷機能診斷	360 元	183	如何識別人才	360 元
140	企業如何節流	360 元	184	找方法解決問題	360 元
141	責任	360 元	185	不景氣時期，如何降低成本	360 元
142	企業接棒人	360 元	186	營業管理疑難雜症與對策	360 元
144	企業的外包操作管理	360 元	187	廠商掌握零售賣場的竅門	360 元
145	主管的時間管理	360 元	188	推銷之神傳世技巧	360 元
146	主管階層績效考核手冊	360 元	189	企業經營案例解析	360 元
147	六步打造績效考核體系	360 元	191	豐田汽車管理模式	360 元
148	六步打造培訓體系	360 元	192	企業執行力（技巧篇）	360 元
149	展覽會行銷技巧	360 元	193	領導魅力	360 元
150	企業流程管理技巧	360 元	197	部門主管手冊(增訂四版)	360 元
152	向西點軍校學管理	360 元	198	銷售說服技巧	360 元
154	領導你的成功團隊	360 元	199	促銷工具疑難雜症與對策	360 元
155	頂尖傳銷術	360 元	200	如何推動目標管理（第三版）	390 元
156	傳銷話術的奧妙	360 元	201	網路行銷技巧	360 元
159	各部門年度計劃工作	360 元	202	企業併購案例精華	360 元

204	客戶服務部工作流程	360 元	240	有趣的生活經濟學	360 元
205	總經理如何經營公司(增訂二版)	360 元	241	業務員經營轄區市場（增訂二版）	360 元
206	如何鞏固客戶（增訂二版）	360 元	242	搜索引擎行銷	360 元
207	確保新產品開發成功(增訂三版)	360 元	243	如何推動利潤中心制度（增訂二版）	360 元
208	經濟大崩潰	360 元	244	經營智慧	360 元
209	鋪貨管理技巧	360 元	245	企業危機應對實戰技巧	360 元
210	商業計劃書撰寫實務	360 元	246	行銷總監工作指引	360 元
212	客戶抱怨處理手冊(增訂二版)	360 元	247	行銷總監實戰案例	360 元
214	售後服務處理手冊（增訂三版）	360 元	248	企業戰略執行手冊	360 元
215	行銷計畫書的撰寫與執行	360 元	249	大客戶搖錢樹	360 元
216	內部控制實務與案例	360 元	250	企業經營計畫〈增訂二版〉	360 元
217	透視財務分析內幕	360 元	251	績效考核手冊	360 元
219	總經理如何管理公司	360 元	252	營業管理實務（增訂二版）	360 元
222	確保新產品銷售成功	360 元	253	銷售部門績效考核量化指標	360 元
223	品牌成功關鍵步驟	360 元	254	員工招聘操作手冊	360 元
224	客戶服務部門績效量化指標	360 元	255	總務部門重點工作（增訂二版）	360 元
226	商業網站成功密碼	360 元	256	有效溝通技巧	360 元
228	經營分析	360 元	257	會議手冊	360 元
229	產品經理手冊	360 元	258	如何處理員工離職問題	360 元
230	診斷改善你的企業	360 元	259	提高工作效率	360 元
231	經銷商管理手冊(增訂三版)	360 元	260	贏在細節管理	360 元
232	電子郵件成功技巧	360 元	261	員工招聘性向測試方法	360 元
233	喬・吉拉德銷售成功術	360 元	262	解決問題	360 元
234	銷售通路管理實務〈增訂二版〉	360 元	263	微利時代制勝法寶	360 元
235	求職面試一定成功	360 元	264	如何拿到 VC（風險投資）的錢	360 元
236	客戶管理操作實務〈增訂二版〉	360 元	265	如何撰寫職位說明書	360 元
237	總經理如何領導成功團隊	360 元	267	促銷管理實務〈增訂五版〉	360 元
238	總經理如何熟悉財務控制	360 元			
239	總經理如何靈活調動資金	360 元			

268	顧客情報管理技巧	360 元
269	如何改善企業組織績效〈增訂二版〉	360 元
270	低調才是大智慧	360 元
271	電話推銷培訓教材〈增訂二版〉	360 元
272	主管必備的授權技巧	360 元
274	人力資源部流程規範化管理（增訂三版）	360 元
275	主管如何激勵部屬	360 元

《商店叢書》

4	餐飲業操作手冊	390 元
5	店員販賣技巧	360 元
10	賣場管理	360 元
12	餐飲業標準化手冊	360 元
13	服飾店經營技巧	360 元
18	店員推銷技巧	360 元
19	小本開店術	360 元
20	365 天賣場節慶促銷	360 元
29	店員工作規範	360 元
30	特許連鎖業經營技巧	360 元
32	連鎖店操作手冊（增訂三版）	360 元
33	開店創業手冊〈增訂二版〉	360 元
34	如何開創連鎖體系〈增訂二版〉	360 元
35	商店標準操作流程	360 元
36	商店導購口才專業培訓	360 元
37	速食店操作手冊〈增訂二版〉	360 元
38	網路商店創業手冊〈增訂二版〉	360 元
39	店長操作手冊（增訂四版）	360 元

40	商店診斷實務	360 元
41	店鋪商品管理手冊	360 元
42	店員操作手冊（增訂三版）	360 元
43	如何撰寫連鎖業營運手冊〈增訂二版〉	360 元
44	店長如何提升業績〈增訂二版〉	360 元
45	向肯德基學習連鎖經營〈增訂二版〉	360 元
46	連鎖店督導師手冊	360 元
47	賣場如何經營會員制俱樂部	360 元

《工廠叢書》

5	品質管理標準流程	380 元
9	ISO 9000 管理實戰案例	380 元
10	生產管理制度化	360 元
11	ISO 認證必備手冊	380 元
12	生產設備管理	380 元
13	品管員操作手冊	380 元
15	工廠設備維護手冊	380 元
16	品管圈活動指南	380 元
17	品管圈推動實務	380 元
20	如何推動提案制度	380 元
24	六西格瑪管理手冊	380 元
30	生產績效診斷與評估	380 元
32	如何藉助 IE 提升業績	380 元
35	目視管理案例大全	380 元
38	目視管理操作技巧(增訂二版)	380 元
40	商品管理流程控制(增訂二版)	380 元
42	物料管理控制實務	380 元
46	降低生產成本	380 元
47	物流配送績效管理	380 元

49	6S 管理必備手冊	380 元
50	品管部經理操作規範	380 元
51	透視流程改善技巧	380 元
55	企業標準化的創建與推動	380 元
56	精細化生產管理	380 元
57	品質管制手法〈增訂二版〉	380 元
58	如何改善生產績效〈增訂二版〉	380 元
60	工廠管理標準作業流程	380 元
61	採購管理實務〈增訂三版〉	380 元
62	採購管理工作細則	380 元
63	生產主管操作手冊(增訂四版)	380 元
64	生產現場管理實戰案例〈增訂二版〉	380 元
65	如何推動 5S 管理（增訂四版）	380 元
66	如何管理倉庫（增訂五版）	380 元
67	生產訂單管理步驟〈增訂二版〉	380 元
68	打造一流的生產作業廠區	380 元
70	如何控制不良品〈增訂二版〉	380 元
71	全面消除生產浪費	380 元
72	現場工程改善應用手冊	380 元
73	部門績效考核的量化管理（增訂四版）	380 元

《醫學保健叢書》

1	9 週加強免疫能力	320 元
3	如何克服失眠	320 元
4	美麗肌膚有妙方	320 元
5	減肥瘦身一定成功	360 元
6	輕鬆懷孕手冊	360 元

7	育兒保健手冊	360 元
8	輕鬆坐月子	360 元
11	排毒養生方法	360 元
12	淨化血液　強化血管	360 元
13	排除體內毒素	360 元
14	排除便秘困擾	360 元
15	維生素保健全書	360 元
16	腎臟病患者的治療與保健	360 元
17	肝病患者的治療與保健	360 元
18	糖尿病患者的治療與保健	360 元
19	高血壓患者的治療與保健	360 元
22	給老爸老媽的保健全書	360 元
23	如何降低高血壓	360 元
24	如何治療糖尿病	360 元
25	如何降低膽固醇	360 元
26	人體器官使用說明書	360 元
27	這樣喝水最健康	360 元
28	輕鬆排毒方法	360 元
29	中醫養生手冊	360 元
30	孕婦手冊	360 元
31	育兒手冊	360 元
32	幾千年的中醫養生方法	360 元
33	免疫力提升全書	360 元
34	糖尿病治療全書	360 元
35	活到 120 歲的飲食方法	360 元
36	7 天克服便秘	360 元
37	為長壽做準備	360 元
38	生男生女有技巧〈增訂二版〉	360 元
39	拒絕三高有方法	360 元

《培訓叢書》

4	領導人才培訓遊戲	360 元
8	提升領導力培訓遊戲	360 元
11	培訓師的現場培訓技巧	360 元
12	培訓師的演講技巧	360 元
14	解決問題能力的培訓技巧	360 元
15	戶外培訓活動實施技巧	360 元
16	提升團隊精神的培訓遊戲	360 元
17	針對部門主管的培訓遊戲	360 元
18	培訓師手冊	360 元
19	企業培訓遊戲大全（增訂二版）	360 元
20	銷售部門培訓遊戲	360 元
21	培訓部門經理操作手冊（增訂三版）	360 元
22	企業培訓活動的破冰遊戲	360 元
23	培訓部門流程規範化管理	360 元

《傳銷叢書》

4	傳銷致富	360 元
5	傳銷培訓課程	360 元
7	快速建立傳銷團隊	360 元
10	頂尖傳銷術	360 元
11	傳銷話術的奧妙	360 元
12	現在輪到你成功	350 元
13	鑽石傳銷商培訓手冊	350 元
14	傳銷皇帝的激勵技巧	360 元
15	傳銷皇帝的溝通技巧	360 元
17	傳銷領袖	360 元
18	傳銷成功技巧（增訂四版）	360 元
19	傳銷分享會運作範例	360 元

《幼兒培育叢書》

1	如何培育傑出子女	360 元
2	培育財富子女	360 元
3	如何激發孩子的學習潛能	360 元
4	鼓勵孩子	360 元
5	別溺愛孩子	360 元
6	孩子考第一名	360 元
7	父母要如何與孩子溝通	360 元
8	父母要如何培養孩子的好習慣	360 元
9	父母要如何激發孩子學習潛能	360 元
10	如何讓孩子變得堅強自信	360 元

《成功叢書》

1	猶太富翁經商智慧	360 元
2	致富鑽石法則	360 元
3	發現財富密碼	360 元

《企業傳記叢書》

1	零售巨人沃爾瑪	360 元
2	大型企業失敗啟示錄	360 元
3	企業併購始祖洛克菲勒	360 元
4	透視戴爾經營技巧	360 元
5	亞馬遜網路書店傳奇	360 元
6	動物智慧的企業競爭啟示	320 元
7	CEO 拯救企業	360 元
8	世界首富　宜家王國	360 元
9	航空巨人波音傳奇	360 元
10	傳媒併購大亨	360 元

《智慧叢書》

1	禪的智慧	360 元
2	生活禪	360 元

3	易經的智慧	360 元
4	禪的管理大智慧	360 元
5	改變命運的人生智慧	360 元
6	如何吸取中庸智慧	360 元
7	如何吸取老子智慧	360 元
8	如何吸取易經智慧	360 元
9	經濟大崩潰	360 元
10	有趣的生活經濟學	360 元
11	低調才是大智慧	360 元

《DIY 叢書》

1	居家節約竅門 DIY	360 元
2	愛護汽車 DIY	360 元
3	現代居家風水 DIY	360 元
4	居家收納整理 DIY	360 元
5	廚房竅門 DIY	360 元
6	家庭裝修 DIY	360 元
7	省油大作戰	360 元

《財務管理叢書》

1	如何編制部門年度預算	360 元
2	財務查帳技巧	360 元
3	財務經理手冊	360 元
4	財務診斷技巧	360 元
5	內部控制實務	360 元
6	財務管理制度化	360 元
8	財務部流程規範化管理	360 元
9	如何推動利潤中心制度	360 元

 為方便讀者選購，本公司將一部分上述圖書又加以專門分類如下：

《企業制度叢書》

1	行銷管理制度化	360 元

2	財務管理制度化	360 元
3	人事管理制度化	360 元
4	總務管理制度化	360 元
5	生產管理制度化	360 元
6	企劃管理制度化	360 元

《主管叢書》

1	部門主管手冊	360 元
2	總經理行動手冊	360 元
4	生產主管操作手冊	380 元
5	店長操作手冊（增訂版）	360 元
6	財務經理手冊	360 元
7	人事經理操作手冊	360 元
8	行銷總監工作指引	360 元
9	行銷總監實戰案例	360 元

《總經理叢書》

1	總經理如何經營公司(增訂二版)	360 元
2	總經理如何管理公司	360 元
3	總經理如何領導成功團隊	360 元
4	總經理如何熟悉財務控制	360 元
5	總經理如何靈活調動資金	360 元

《人事管理叢書》

1	人事管理制度化	360 元
2	人事經理操作手冊	360 元
3	員工招聘技巧	360 元
4	員工績效考核技巧	360 元
5	職位分析與工作設計	360 元
7	總務部門重點工作	360 元
8	如何識別人才	360 元
9	人力資源部流程規範化管理（增訂三版）	360 元
10	員工招聘操作手冊	360 元

11	如何處理員工離職問題	360 元

《理財叢書》

1	巴菲特股票投資忠告	360 元
2	受益一生的投資理財	360 元
3	終身理財計劃	360 元
4	如何投資黃金	360 元
5	巴菲特投資必贏技巧	360 元
6	投資基金賺錢方法	360 元
7	索羅斯的基金投資必贏忠告	360 元
8	巴菲特為何投資比亞迪	360 元

《網路行銷叢書》

1	網路商店創業手冊〈增訂二版〉	360 元
2	網路商店管理手冊	360 元
3	網路行銷技巧	360 元
4	商業網站成功密碼	360 元
5	電子郵件成功技巧	360 元
6	搜索引擎行銷	360 元

《企業計畫叢書》

1	企業經營計劃〈增訂二版〉	360 元
2	各部門年度計劃工作	360 元
3	各部門編制預算工作	360 元
4	經營分析	360 元
5	企業戰略執行手冊	360 元

《經濟叢書》

1	經濟大崩潰	360 元
2	石油戰爭揭秘 (即將出版)	

建立企業圖書館

當市場競爭激烈時：

培訓員工，強化員工競爭力
是企業最佳對策

「人才」是企業最大的財富。如何提升人才，是企業永續經營、戰勝對手的核心競爭力。積極培訓公司內部員工，是經濟不景氣時期的最佳戰略，而最快速的具體作法，就是**「建立企業內部圖書館，鼓勵員工多閱讀、多進修專業書籍」**

建議您：請一次購足本公司所出版各種經營管理類圖書，作為貴公司內部員工培訓圖書。 使用率高的（例如「贏在細節管理」），準備 3 本；使用率低的（例如「工廠設備維護手冊」），只買 1 本。

最暢銷的《企業制度叢書》

	名稱	說明	特價
1	行銷管理制度化	書	360 元
2	財務管理制度化	書	360 元
3	人事管理制度化	書	360 元
4	總務管理制度化	書	360 元
5	生產管理制度化	書	360 元
6	企劃管理制度化	書	360 元

　　上述各書均有在書店陳列販賣，若書店賣完，而來不及由庫存書補充上架，請讀者直接向店員詢問、購買，最快速、方便！

請透過郵局劃撥購買：

郵局戶名：憲業企管顧問公司

郵局帳號：18410591

醫學保健叢書

1	9 週加強免疫能力	2	維生素如何保護身體
3	如何克服失眠	4	美麗肌膚有妙方
5	減肥瘦身一定成功	6	輕鬆懷孕手冊
7	育兒保健手冊	8	輕鬆坐月子
9	生男生女有技巧	10	如何排除體內毒素
11	排毒養生方法	12	淨化血液　強化血管
13	排除體內毒素	14	排除便秘困擾
15	維生素保健全書	16	腎臟病患者的治療與保健
17	肝病患者的治療與保健	18	糖尿病患者的治療與保健
19	高血壓患者的治療與保健	20	飲食自療方法
21	拒絕三高	22	給老爸老媽的保健全書
23	如何降低高血壓	24	如何治療糖尿病
25	如何降低膽固醇	26	人體器官使用說明書
27	這樣喝水最健康	28	輕鬆排毒方法
29	中醫養生手冊	30	孕婦手冊
31	育兒手冊	32	幾千年的中醫養生方法
33	免疫力提升全書	34	糖尿病治療全書
35	活到 120 歲的飲食方法	36	7 天克服便秘
37	為長壽做準備		

上述各書均有在書店陳列販賣，若書店賣完，而來不及由庫存書補充上架，請讀者直接向店員詢問、購買，最快速、方便！

請透過郵局劃撥購買：

劃撥戶名：憲業企管顧問公司

劃撥帳號：18410591

最 暢 銷 的 商 店 叢 書

	名　　　稱	說　　明	特　　價
1	速食店操作手冊	書	360 元
4	餐飲業操作手冊	書	390 元
5	店員販賣技巧	書	360 元
6	開店創業手冊	書	360 元
8	如何開設網路商店	書	360 元
9	店長如何提升業績	書	360 元
10	賣場管理	書	360 元
11	連鎖業物流中心實務	書	360 元
12	餐飲業標準化手冊	書	360 元
13	服飾店經營技巧	書	360 元
14	如何架設連鎖總部	書	360 元
15	〈新版〉連鎖店操作手冊	書	360 元
16	〈新版〉店長操作手冊	書	360 元
17	〈新版〉店員操作手冊	書	360 元
18	店員推銷技巧	書	360 元
19	小本開店術	書	360 元
20	365 天賣場節慶促銷	書	360 元
21	連鎖業特許手冊	書	360 元
22	店長操作手冊（增訂版）	書	360 元
23	店員操作手冊（增訂版）	書	360 元
24	連鎖店操作手冊（增訂版）	書	360 元
25	如何撰寫連鎖業營運手冊	書	360 元
26	向肯德基學習連鎖經營	書	360 元
27	如何開創連鎖體系	書	360 元
28	店長操作手冊（增訂三版）	書	360 元

郵局劃撥戶名：憲業企管顧問公司

郵局劃撥帳號：18410591

經營顧問叢書 ㉕   售價：360 元

主管如何激勵部屬

西元二○一一年十一月   初版一刷

編著：伍文泰

策劃：麥可國際出版有限公司（新加坡）

編輯：蕭玲

校對：洪飛娟

發行人：黃憲仁

發行所：憲業企管顧問有限公司

電話：（02）2762-2241　　（03）9310960　　0930872873

臺北聯絡處：臺北郵政信箱第 36 之 1100 號

銀行 ATM 轉帳：合作金庫銀行　　帳號：5034-717-347447

郵政劃撥：18410591　　憲業企管顧問有限公司

江祖平律師顧問：紙品書、數位書著作權與版權均歸本公司所有

登記證：行政業新聞局版台業字第 6380 號

本公司徵求海外版權出版代理商（0930872873）

本圖書是由憲業企管顧問（集團）公司所出版，以專業立場，為企業界提供最專業的各種經營管理類圖書。

圖書編號 ISBN：978-986-6084-31-7